DIE WURZELN DES FRAUENHASSES BEI ARTHUR SCHOPENHAUER

EINE PSYCHANALYTISCHE STUDIE

VON

DR. OSKAR EICHLER

1 * 9 * 2 * 6

A. MARCUS & E. WEBER'S VERLAG / BONN A. RH.

Druck: Otto Wigand'sche Buchdruckerei G. m. b. H., Leipzig

Vorbemerkung.

Die vorliegende Schrift will einen kleinen Beitrag zur Lösung des großen Rätsels „Schopenhauer" liefern. Im Mittelpunkte der Arbeit steht Schopenhauer der „Weiberfeind". Es verlohnt sich wohl, nach den Wurzeln einer Misogynie zu forschen, deren geistreiche Äußerungen immer wieder ihren Einfluß auf Kunst, Wissenschaft und Leben geltend machen. Der Verfasser hat die wertvollsten Anregungen den tiefen und geistvollen Ausführungen und dem umfangreichen klinischen Material Wilhelm Stekels in dessen großem psychanalytischen Werke: „Störungen des Trieb- und Affektlebens" zu danken.

Wenn wir im folgenden in Schopenhauers verborgenes Seelenleben einzudringen versuchen, so sind wir uns dabei über die Begrenztheit und Unzulänglichkeit der Psychanalyse einer historischen Persönlichkeit im klaren. Ist doch das wichtigste Moment der Psychanalyse der persönliche Kontakt. Trotzdem hoffen wir, wenigstens einige wesentliche unterbewußte Triebkräfte bei Arthur Schopenhauer aufgedeckt zu haben.

I. Kapitel.

Die Ehe der Eltern.

Ein Zusammenhang zwischen dem Frauenhaß Schopenhauers und dem unglücklichen Verhältnis des Sohnes zur Mutter ist von der Schopenhauerforschung von jeher angenommen worden. So schreibt z. B. Volkelt [1]), daß Schopenhauers Zerwürfnis mit seiner Mutter „ohne Zweifel nicht nur auf sein Urteil über die Frauen, sondern auch auf seine ganze Stellung zu Leben und Menschen von Einfluß gewesen sei". Zahlreiche Äußerungen des Philosophen über das Weib sind deutlich genug auf Johanna Schopenhauer gemünzt. Die Annahme, daß irgendeine Beziehung zwischen seiner Stellung zur Mutter und jener zum Weibe überhaupt bestehen müsse, drängt sich dermaßen auf, daß es gerechtfertigt erscheint, von diesem Punkte aus an das Problem des Frauenhasses bei Arthur Schopenhauer heranzugehen.

Worin dieser die Wurzel seines Mißverhältnisses zur Mutter erblickt hat, geht aus seinem Satze hervor: „Überhaupt aber wird eine Frau, die ihren Mann nicht geliebt hat, auch ihre Kinder von ihm nicht lieben" [2]). Dieser Ausspruch weist auf die Ehe der Eltern hin, und er läßt auch erkennen, daß wir das Verhältnis Schopenhauers zu seiner Mutter nicht losgelöst von demjenigen zu seinem Vater betrachten dürfen.

Folgen wir dem Fingerzeige, den uns Schopenhauer gibt, und versuchen wir zunächst, ein Bild von der Ehe des Heinrich Floris und der Johanna Schopenhauer zu gewinnen, wobei es dahingestellt bleiben möge, ob der angeführte Satz eine allgemeingültige Wahrheit enthält oder nicht.

Über die Persönlichkeit Heinrich Floris Schopenhauers werden wir in erster Linie durch die Autobiographie der Gattin unterrichtet. Wir wollen gleich bemerken, daß Johanna hier kaum die Spur eines Schattens auf das Bild ihres Gemahls

---

[1]) V., Sch. p 12

[2]) Parerg. § 131, VII/VIII 238.

fallen läßt. Gleich bei ſeinem erſten Auftreten in den Memoiren gewinnen wir den Eindruck eines unbeugſamen und unerſchrockenen Mannes. Als Friedrich der Große im Jahre 1783 Danzig von der Landſeite blockieren ließ, um die Stadt dem Anſchluß an Preußen geneigt zu machen, lag der Kommandeur der Blockadearmee zu Ohra, im Hauſe von Heinrich Floris Schopenhauers Vater, im Quartier. Laſſen wir nun Johanna ſelbſt berichten: „Um ſeinen Dank für die zwar erzwungene, aber doch gaſtlich gefällige Aufnahme, die ihm geworden, zu bezeigen, ließ der General dem Sohn ſeines Hausherrn freie Einfuhr der für die Pferde desſelben nötigen Fourage anbieten; ein Artikel, an welchem die Stadt in der Tat anfing einigen Mangel zu befürchten. ‚Ich danke dem preußiſchen General für ſeinen guten Willen, mein Stall iſt für jetzt noch hinlänglich verſehen, und wenn mein Vorrat verzehrt iſt, laſſe ich meine Pferde totſtechen‘, war die kurze bündige Antwort, die ganz unumwunden auf dieſes Anerbieten erfolgte. Sie wurde bald bekannt, und von ſeinen Mitbürgern um ſo höher ihm angerechnet, da die Vorliebe dieſes Mannes für ſeine wirklich ſchönen Pferde faſt ſprichwörtlich geworden war. Niemand hatte größere Freude daran, als ich, obgleich ich meinen echt republikaniſchen Landsmann nur von Anſehen kannte. Sein Benehmen ſchien mir ſogar eines meiner alten Römer nicht unwürdig zu ſein, an denen ich noch immer mit ſtiller Verehrung hing. Wie weit war ich damals von der Ahnung entfernt, wie ſehr nahe ich zu dieſem, mir damals faſt Unbekannten, mit dem ich noch nie ein Wort gewechſelt, in kurzem ſtehen würde“ [1]).

Bald darauf nämlich begann der „Held“ ihr näherzutreten und ſich um ihre Gunſt zu bemühen. Sie rechnet es ihm in ihren Memoiren hoch an, daß er ſich zunächſt von ihr die Gewißheit verſchaffte, daß ſie „ſeine Hand nicht ausſchlagen würde“, ehe er mit ſeiner Werbung vor die Eltern trat, „was damals, in jenen aller Romantik abholden Tagen, ohne Vorwiſſen der am meiſten dabei beteiligten Hauptperſon, noch oft der Fall war“. Auch hierin erblickt ſie einen Beweis der „furchtloſen Offenheit“, die ſie als einen „Hauptzug ſeines Charakters“ rühmt [2]).

Adele Schopenhauer hebt in ihren Ergänzungen zu Johannas

---

[1]) J. u. W. I, 251 f.
[2]) J. u. W. I, 254 f.

Autobiographie den „festen, worthaltenden Charakter" des Vaters hervor, der, „seinem einmal gefaßten Entschluß" entsprechend, Danzig bei der Besitznahme durch Preußen verließ und dabei schwere Verluste jeder Art nicht scheute [1]).

Bemerkenswert ist an dem Kaufmann die „ungewöhnliche geistige Bildung, die er während seines mehrere Jahre währenden Aufenthaltes im Auslande, besonders in Frankreich und England erworben" [2]).

Bei dieser gewissermaßen autodidaktischen Bildung dürfen wir uns freilich über formale Mängel, wie sie z. B. die bei Gwinner abgedruckten Stellen aus Briefen an den Sohn aufweisen, nicht wundern [3]). In der Lebensweise und in der Einrichtung des Hauses teilte Heinrich Floris Schopenhauer das englische Ideal [4]). Für die französischen Schriftsteller des 18. Jahrhunderts, besonders für Voltaire und Rousseau, hatte er eine starke Vorliebe, die seine Gattin nicht teilte [5]). Mit Gelehrsamkeit hatten indessen die geistigen Interessen des Weltmannes nichts zu tun. Mit dem Begriff des Gelehrten mochte er den des Hungerleiders und unpraktischen Menschen verbinden. Die entsprechend ihrem Ziel sehr sorgfältige Erziehung Arthurs war einzig auf den künftigen Großkaufmann zugeschnitten.

Lebhaft scheinen Heinrich Floris Schopenhauer Schriften erotischen Inhalts angezogen zu haben, deren er eine ganze kleine Bibliothek besaß. Selbst wenn wir diese Tatsache nicht für eine stark sinnliche Veranlagung sprechen lassen wollten, so müßten wir eine solche aus den Zügen lesen, die uns ein Porträt aus Arthurs Nachlaß überliefert hat. Freilich sprechen auch Intelligenz und vor allem ein bis zur Schroffheit unbeugsamer Wille aus diesem Antlitz [6]). Johanna setzt offenbar ein reiches Liebesleben bei ihrem Gatten voraus, wenn sie die Vermutung ausspricht, daß er in Frankreich mit Frauen Erfahrungen gemacht habe, die sich nicht dazu eigneten, „ihr Geschlecht in seinen Augen zu erheben" [7]).

Das Charakterbild Heinrich Floris Schopenhauers erscheint nach anderen Zeugnissen getrübt durch Härte, Barschheit und

---

[1]) J. u. W. II, 41 f.
[2]) J. u. W. I, 256.
[3]) Gw. p. 26 f.
[4]) J. u. W. I, 271.
[5]) J. u. W. 272.
[6]) Reprod. Gw. p. 4.
[7]) J. u. W. I, 277.

Neigung zum Mißtrauen; Eigenschaften, die mit wachsendem Alter und zunehmender Schwerhörigkeit, teilweise bis zum Krankhaften gesteigert, erscheinen. Johanna läßt in den Memoiren durchblicken, daß sie nur durch ängstliches Vermeiden jeden Scheines Ausbrüche von Eifersucht und Mißtrauen habe verhüten können [1]). Sein bei Gwinner geschildertes Verhalten gegenüber einem ihn aufsuchenden Geschäftsfreunde verrät bereits krankhafte Gedächtnisstörung und zeigt fast Spuren von Verfolgungswahn. Er ließ den Besucher mit den barschen Worten an: „Ich kenne Sie nicht! Es kommen so viele, die sagen, ich bin der und der — ich will nichts von Ihnen wissen." Pathologisch muß es auch erscheinen, wenn der immer noch wohlsituierte Kaufmann sich über eine Tischlerrechnung so aufregt, daß er die Gelbsucht bekommt[2]). Solches wird aus dem Herbst 1804 berichtet. Im April 1805 fand Heinrich Floris Schopenhauer in Hamburg durch Sturz aus einer Speicherluke in das Fleet seinen Tod.

Wenn auch dem Lebensgenusse nicht abhold, ist Heinrich Floris Schopenhauer von Natur ernster, ja düsterer Gemütsart gewesen. „Ich weiß," schreibt Johanna am 5. April 1807 an den Sohn, „wieviel Anlage zu schwermütigen Grübeleien du von deinem Vater zum traurigen Erbteil bekamst" [3]).

Wenn schon überhaupt bei einer Gemütsverfassung, wie sie Heinrich Floris Schopenhauer in seinen letzten Lebensjahren zeigt, und bei der Art seines Todes ein Selbstmord wahrscheinlich ist, so wissen wir, daß seine Familie von seinem freiwilligen Tode überzeugt gewesen ist. Robert v. Hornstein berichtet, daß Arthur Schopenhauer seiner Mutter die „Schuld am Selbstmord seines Vaters" gegeben habe [4]). Adele Schopenhauer berichtet 1819 in einem Brief an Ottilie v. Goethe über eine Unterredung mit ihrer Mutter und schreibt da: „. . . ich sprach meine Meinung über Vaters Tod aus — und hatte Recht" [5]).

Als Johanna Trosiener die Werbung des fast zwanzig Jahre älteren Gatten annahm, befand sie sich in einer Gemütsstimmung, die für die Eheschließung meist so ungünstig ist, als sie häufig junge Mädchen gerade in die Ehe hineintreibt. Das Unglück einer ersten Liebe hatte sie gerade „den süßen Schmerz

---

[1]) J. u. W. I, 277.
[2]) Gw. p. 27.
[3]) Sch. p. 61.
[4]) Gr. G. p. 81.
[5]) S. d. G. 27, p. 352.

der allmählich sich auflösenden herben Pein" kennen gelehrt [1]). Über ihre damalige Gemütsverfassung schreibt Johanna: „Die zu frühe mir entschwundene Ruhe des Gemütes war mir zwar wiedergekehrt, doch mit ihr zugleich eine Art an Lebensüberdruß grenzender Gleichgültigkeit gegen dasselbe, die mich mir selbst fast unkenntlich machte" [2]). An anderer Stelle heißt es: „Ich meinte mit dem Leben abgeschlossen zu haben, ein Wahn, dem man in früher Jugend, nach der ersten schmerzlichen Erfahrung sich so leicht und gern überläßt" [3]). Bemerkenswert ist auch die Äußerung: „Viele meines Geschlechts achten die Brauttage für die glücklichsten ihres Lebens; mir waren sie es nicht. . ." [4]).

Wenn Johanna im Alter aus ihrer gereiften Lebenserfahrung heraus jenen Glauben „mit dem Leben abgeschlossen zu haben", für einen Wahn erklärt, so wissen wir recht wohl, daß ein Wahn, als subjektive Wahrheit, gleiche psychische Wirkungen hat, wie eine objektive Tatsache. Das angesichts der Hochzeit so bestimmt sich äußernde Gefühl der Resignation mußte für die Ehe eine höchst ungünstige Prognose bedeuten. Eine glückliche Liebe konnte den Schatten von der jungen Seele hinwegnehmen, eine Ehe ohne Liebe mußte ihn verstärken. Wenn Johanna sagt: „Glückliche Liebe heuchelte ich ihm ebensowenig, als er Anspruch darauf machte" [5]), so deutet dies unzweifelhaft auf das Fehlen jenes elementaren Gefühls hin, das wir als die erste Bedingung und die natürliche Grundlage einer glücklichen Vereinigung der Geschlechter erkennen müssen. Daß anderseits der reiche und hochangesehene Großkaufmann sich „aus reiner Neigung" [6]) um Johanna Trosiener beworben hat, ist sicher. Mußte er doch wissen, in wie bescheidenen Verhältnissen, an den seinigen gemessen, die Familie Trosiener sich befand. Zudem hätte auch der Umstand gegen die Verbindung sprechen können, daß Johannas Vater, der Ratsherr war, zur Partei des „Volkes" gehörte, während das Schopenhauersche Haus auf seiten der patrizischen stand, die gerade damals mit der Opposition in heftiger Fehde lag [7]).

---

[1]) J. u. W. I, 246 f.
[2]) J. u. W. I, 253.
[3]) J. u. W. I, 255 f.
[4]) J. u. W. I, 257.
[5]) J. u. W. I, 256.
[6]) Gw. p. 9.
[7]) Gw. p. 8.

Die Prognose, die nach den Beobachtungen aus der Brautzeit zu stellen war, hat sich bewahrheitet. Johanna verlebte die erste Zeit ihrer Ehe in dem zwischen Strieß und Oliva gelegenen Landhause ihres Gemahls, in einer häuslichen und landschaftlichen Umgebung, die selbst den verwöhntesten Ansprüchen genügen konnte. An geistiger Anregung fehlte es nicht: sowohl Werke der bildenden Kunst, als auch eine gewählte Bibliothek waren vorhanden. Über die Bemühung Heinrich Floris Schopenhauers, seine Gattin in den Kreis seiner literarischen Interessen zu ziehen, äußerte sich Johanna folgendermaßen: „Auch unternahm er es zuweilen, meine Lektüre leiten zu wollen, ich folgte auch in dieser Hinsicht gern und willig seinem Rate, doch seine Bildung in der großen, mir noch fremden Welt, seine Vorliebe für die damalige französische Literatur, besonders für Voltaire, dessen Ruhm damals den höchsten Gipfel erreicht hatte, machten es mir schwer, bei der von ihm getroffenen Wahl meiner Bücher mich seiner Ansicht zu bequemen; es währte lange, ehe es mir gelang, sowohl ihn selbst, als seine Autoren zu verstehen, wie sie verstanden werden mußten, um nicht in Ungerechtigkeit gegen beide zu verfallen“ [1]). Was die neunzehnjährige junge Frau verletzte, war wohl nicht nur die rationalistische Richtung jener Schriften, sondern auch vor allem die Frivolität, mit der sie besonders das Verhältnis der Geschlechter behandelten. Es scheint hier doch Heinrich Floris Schopenhauer, dessen Vorliebe für Erotika wir kennengelernt haben, an dem nötigen Zartgefühl gegenüber seiner jungen Gattin gefehlt zu haben. Daß sie dies schmerzlich empfunden hat, scheint aus ihrer Darstellung hervorzugehen. Mit einem inneren Konflikt, wie diesem, sowie überhaupt mit all den „kleinen Sorgen und Unsicherheiten“ ihres jungen Ehelebens, flüchtete sich Johanna zu Jameson, einem englischen Prediger, dem väterlichen Freunde ihrer Jugend, der noch immer ihr „Trost und ihr Berater“ war [1]). Diese Tatsache verrät deutlich, daß wenigstens damals von einem wirklichen Vertrauensverhältnis zwischen den Gatten kaum die Rede gewesen sein kann.

Leidenschaftslos spricht die greise Johanna Schopenhauer aus, was ihr für diese Ehe als Ideal erschienen war. Wir hören die Resignation heraus. „Ich fühlte, wenn ich gleich

---

[1]) J. u W. I, 272

nicht in deutlichen Worten mir es sagte, daß unser beider jetziges und künftiges Glück nur von seiner fortgesetzten Zufriedenheit mit mir abhängig sei, und ehrte und liebte ihn genug, um alles daran zu setzen, mir diese zu erhalten und mit der Zeit sein festes Vertrauen zu gewinnen. . ." [1]). Sie selbst gesteht, daß zuweilen ein leises Gefühl von Unbehagen oder Mißmut auf sie eingedrungen sei, das sie aber stets „durch einen Blick auf die wundervolle Szenerie" um sie her wieder zum Schweigen gebracht habe [2]).

Nach der Darstellung in der Autobiographie scheint das Verhalten Schopenhauers gegenüber der Gattin dieser kaum wesentlichen Anlaß zur Klage gegeben zu haben. Sie erkennt an, daß sie bei ihm „die nachsichtigste Anerkennung ihres ernstlichen Bestrebens, sogar wenn dieses sich nicht ganz zureichend zeigte", gefunden [3]), und daß er sie während einer bedeutenden Reihe von Jahren treulich durchs Leben begleitet habe [4]). Sonst hören wir manches von seiner liebevollen Besorgnis für sie auf Reisen, die ihn z. B. auch veranlaßte, seinen Lieblingsplan, die Geburt des erhofften Sohnes in England abzuwarten, aufzugeben [5]). Bei der Überfahrt ließ er seine Frau, ihres Zustandes wegen, in einem Lehnstuhl mit Stricken an Bord ziehen, aber erst, nachdem er sich dadurch von der Sicherheit der Vorkehrungen überzeugt hatte, daß einige Matrosen sich nacheinander für ein gutes Trinkgeld hinaufziehen ließen.

Wir hatten gesehen, daß Johanna Schopenhauer die Richtung der schöngeistigen Interessen ihres Gatten nicht recht teilen konnte. Auch sein Beruf entsprach ihrem Wesen nicht. Wie fern ihr der Kaufmannsberuf lag, können wir aus einer Äußerung entnehmen, die sich in einem Briefe an Arthur findet: „Ich weiß wohl, daß die Welt, in der du lebst, auch sein muß, obgleich ich mich herzlich freue, daß ich ihr entronnen bin" [6]). Im Frühjahr 1807, als Johanna dies schrieb, saß Arthur Schopenhauer bekanntlich noch in Hamburg widerwillig auf dem Kontorsessel. In einem anderen Briefe aus dieser Zeit schreibt die Mutter: „. . . ich weiß, was es sagen will, ein Leben zu leben, welches unserm Innern widerstrebt, und wenn es

---

[1]) J. u. W. 277.
[2]) a. a. O. 278.
[3]) a. a. O. 270.
[4]) a. a. O. 254.
[5]) a. a. O. 369.
[6]) Sch. p. 58.

möglich ist, will ich dir, meinem geliebten Sohne, diesen Jammer ersparen" [1]). Geradezu auffallen muß es, wenn Johanna, auf ihre Ehe anspielend, von ihrer „verlorenen Jugend" spricht [2]), wenn wir uns nur einmal vor Augen halten, welche innere Bereicherung der Gatte ihr durch große Reisen und bedeutende, durch ihn vermittelte Bekanntschaften hatte zuteil werden lassen. Die Briefe der vierzigjährigen Witwe sagen uns naturgemäß mehr, als die milder urteilende Greisin in ihren für die Öffentlichkeit bestimmten Memoiren erkennen läßt. Das schwerwiegende Wort von der verlorenen Jugend zeigt deutlich, wie tief sich bei Johanna Schopenhauer ein Gefühl eingegraben hatte, das sie nur die Schattenseiten ihrer Ehe noch erkennen ließ. Daß in ihr der bitterste Groll gegen den Gatten schlummerte, ein Groll, der sich noch lange Jahre nach Heinrich Floris Schopenhauers Tode in erschreckenden Ausbrüchen gelegentlich Luft machte, sehen wir aus einem Briefe der Tochter Adele an Ottilie v. Goethe aus dem Jahre 1819. Dort heißt es: „Sie (scil. „die Mutter") sprach vom Vater auf eine Weise, die mir das Herz fast brach. . ." [3]).

Selbst bei ernster Würdigung der Verschiedenheit der Charaktere und Interessen können wir doch in dieser nicht den Urgrund eines solchen Gefühls der Abneigung erblicken. Gewiß hat Johanna in der Ehe manches erlebt, was verbitternd auf sie eingewirkt haben mag. Wir denken an den Mißmut des Gatten, der mit dessen Ohrenleiden immer mehr zunahm, oder an seine fast krankhafte Heftigkeit. All das mag dazu beigetragen haben, das Bild dieser Ehe in Johannas Augen zu verdunkeln. Trotzdem glauben wir, daß ihr Groll anderswo wurzelt. Es ist bekannt, welche Hemmungen die erotisch begründete Liebe einer Frau überwindet, daß eine solche Liebe sogar noch am Unwürdigen hängt und die geschwundene Achtung überdauert. Wir entnehmen aus der Schilderung der Brautzeit, daß Johanna ihrem künftigen Gatten keine „glühende Liebe", sondern nur Achtung und Freundschaft entgegenbrachte. Aber auch diese Empfindungen wurden noch vergiftet und verkehrten sich in Abneigung, als sie in der Ehe gewähren mußten, was nur die Liebe gewähren soll. So sehen wir in Johannas Haß gegen den Gatten den instinktiven Haß des Weibes gegen

---

[1]) Sch. p. 61.
[2]) Sch. p. 65.
[3]) S. d. G. 27, p. 352.

den Mann, der es besitzt, ohne es zur Liebe zwingen zu können. Hier gilt Nietzsches treffliches Wort: „Wen haßt das Weib am meisten? Also sprach das Eisen zum Magneten: Ich hasse dich am meisten, weil du anziehst, aber nicht stark genug bist, an dich zu ziehen." — Zu welchen Opfern, seelischen und materiellen, Johanna bereit war, wenn sie liebte, hat sie später während ihrer jahrelangen Beziehungen zu dem weimarischen Regierungsrat Müller, genannt von Gerstenbergk, gezeigt, auf die wir hier nicht näher einzugehen haben. Gegen die Vorzüge des ungeliebten Gatten hat sich Johanna lange Zeit verschlossen, während jeder seiner Fehler zum Stachel ihres Hasses wurde. Dagegen überschätzte sie den Mann ihrer Neigung, und es gab kaum etwas, das sie ihm nicht verziehen hätte. Obwohl sie unter Gerstenbergks Wesen während des Zusammenlebens offenbar namenlos zu leiden gehabt hatte [1]), hat sie doch diesem Manne ihre Anhänglichkeit bis zum Tode bewahrt, während sie gegen Heinrich Floris Schopenhauer, dem sie viel verdankte und der sie ehrlich geliebt hatte, im Grunde auf Haß eingestellt war.

Johanna Schopenhauer hat ihre Ehe als ernstes Problem aufgefaßt und ist zeitlebens innerlich stark damit beschäftigt gewesen. Davon zeugen von ihren Schriften in erster Linie die Romane „Gabriele", „Die Tante", „Sidonia". In ihrem Erstlingsroman „Gabriele" (ersch. 1819/20) läßt sie in den Figuren der beiden Grafen Aarheim einerseits die ihr verhaßten, andererseits die ihr lächerlichen Züge ihres Gatten in starker Übertreibung wiederaufleben, während die unglückliche Heldin und deren Mutter, die beide in Ehen ohne Liebe schmachten und zugrunde gehen, poetische Abbilder der Verfasserin sind. In dem Roman „Die Tante" (1823) hat sie ihrem Gatten in der Gestalt des allzu standesbewußten Großkaufmanns und brummigen Haustyrannen Kleeborn, der sich letzten Endes doch von einer überlegenen Frau am Gängelbande führen läßt, ein wiederum nicht sehr schmeichelhaftes Denkmal gesetzt. Die genannten Romane sind, soweit sie die Ehe der Verfasserin widerspiegeln, in hohem Grade ira et studio geschrieben. Wenn aus den Memoiren zu ersehen war, daß Johanna im Alter ihre Ehe in milderem Lichte erblickt haben muß, so läßt sich eine ähnliche Auffassung Johannas schon aus dem

---

[1]) Vgl. bes. Tgb. d. A. Sch. u. Hs. Briefe d. A. an Ott. v. G. (G.-Sch.-A., Weimar).

dritten Roman „Sidonia“ (1827) erschließen. Die Heldin ist mit einem bedeutend älteren Manne, dem Grafen Adelheim, vermählt. Es ist nach zahlreichen Übereinstimmungen unverkennbar, daß das Urbild Adelheims Heinrich Floris Schopenhauer, das Urbild Sidonias Johanna Schopenhauer selbst ist. Haben wir in „Gabriele“ und „Die Tante“ Zerrbilder Heinrich Floris Schopenhauers vorgefunden, so tritt dieser uns hier eher idealisiert entgegen. Jedenfalls läßt Johanna in der Gestalt Adelheims gerade die Züge ihres Gatten hervortreten, die sie an ihm hochachtete. Psychologisch ist dieser Gesinnungswandel dadurch zu erklären, daß damals eben Johannas Verhältnis zu Gerstenbergk durch dessen Verlobung mit einer Gräfin Haeseler einen schweren Knick erhalten hatte (1825).

So setzt sich Johanna Schopenhauer in „Sidonia“ auch nicht nur mit ihrer Ehe, sondern auch mit ihrem Verhältnis zu Gerstenbergk auseinander, indem sie die verwitwete Sidonia ein ähnliches unruhiges und leidenschaftliches und am Ende enttäuschendes Erlebnis in der Liebe durchmachen läßt. „Sidonia“ ist der Roman der enttäuschten Liebessehnsucht, er ist recht eigentlich der Lebensroman der Johanna Schopenhauer selbst. Die alternde Frau gedenkt nach der großen Enttäuschung ihrer opferbereiten Liebe mit spät erwachter Dankbarkeit ihrer Ehe und ihres verstorbenen Gatten. Die folgenden Worte, die Adelheim zu Sidonia spricht, geben offenbar eine Ansicht wieder, zu der Johanna selbst gelangt war: „Wenn ein Mann, den Sie ehren und achten können, und dessen Persönlichkeit Ihnen keinen Widerwillen einflößt, Ihr Herz und Ihre Hand zu gewinnen strebt, weisen Sie, ich ermahne Sie dringend, weisen Sie einen treuen, liebenden Beschützer auf Ihrem Lebenspfade nicht von sich, weil er vielleicht dem Ideale nicht ganz ähnlich sein sollte, das wahrscheinlich auch Ihre Phantasie von dem künftigen Gefährten Ihres Lebens sich gebildet hat.“ Einen solchen Gefährten findet Sidonia in Adelheim, wie ihn Johanna in ihrem Gatten gefunden hatte. Aber trotz all der edlen und warmen Neigung, die der Gemahl ihr geschenkt, trotz aller Achtung und Freundschaft, die sie für ihn empfunden hatte, muß sich doch Sidonia nach Adelheims Tode gestehen, „daß sie . . . noch nie in ihrem Leben empfunden habe, was Glücklichsein eigentlich heiße“ [1]), ebenso wie ihr Herz bei seiner

[1]) S. S. XI, 61.

„an Leidenschaft grenzenden Glut“ [1]) stets den „gewohnten ruhigen Schlag“ geschlagen hatte. Gerade dadurch, daß wir bei Adelheim nur gute Eigenschaften bemerken können, tritt der Grundmangel der Ehe im Roman und zugleich der Ehe der Verfasserin erst recht ins Licht. Wir tun einen tiefen Blick in die Psychologie der sogenannten kalten Frau. Die Gier, mit der Sidonia alles ergreift, um dem „Gefühl von Leere und Öde“, der „Langeweile des Herzens“ [2]) zu entgehen, Reisen, Geselligkeit, Kunst und Wissenschaft, erinnert auf das lebhafteste an Johanna Schopenhauer selbst. Sehen wir diese doch zeitlebens in solcher Betriebsamkeit, so daß Adele noch 1828 über ihre „Amüsierwut“ [3]) klagt. Adele schreibt über die Mutter an anderer Stelle: „Sie kannte keine natürlichen Verhältnisse, da mein Vater mit ihr ohne Liebe und weit über unseren Stand lebte“ [4]). Beides hängt ursächlich zusammen. Die pomphafte Geselligkeit in Hamburg, die ausgedehnten monate- und jahrelangen Reisen sind eine Flucht vor dem zu Hause, vor dem eigenen Ich — vor der „Langenweile des Herzens“. Auf seiten des Gatten hatte es nicht an Liebe gefehlt. Gerade aus Liebe hatte er alles versucht, um durch äußere Mittel den Mangel ihrer Ehe für sie und sich weniger fühlbar werden zu lassen. Der Mangel aber, gegen den alle anderen Mängel nur sekundäre Bedeutung hatten, war die Frigidität der Gattin. Dieser Mangel hat die Ehe zu einem unglücklichen Nebeneinanderleben gemacht, das Verhältnis der Gatten vergiftet und damit auch das der Kinder zu den Eltern unnatürlich gestaltet.

---

[1]) S. S. XI, 41.
[2]) S. S. XI, 59 f.
[3]) Hs. an Ottilie, 1. III. 28.
[4]) Hs. an Ottilie, Cöln 2. I. 28.

II. Kapitel.

Das Verhältnis Arthur Schopenhauers zu seinen Eltern.

In dem endgültigen Bruch Arthur Schopenhauers mit seiner Mutter, der bekanntlich 1814 wegen des „Hausfreundes" v. Gerstenbergk erfolgte, haben wir nun den Abschluß einer jahrelangen Entwicklung zu sehen. Es wäre nun wichtig zu wissen, von welchem Zeitpunkte an sich eine Trübung des Verhältnisses wahrnehmen läßt. Gehen wir bis auf die Anfänge Arthur Schopenhauers zurück, so finden wir über seine erste Kindheit in den Memoiren der Mutter folgende Stelle: „Wie alle jungen Mütter spielte auch ich mit meiner neuen Puppe, war fest überzeugt, daß kein schöneres, frömmeres und für sein Alter klügeres Kind auf Gottes Erdboden lebe als das meinige, und hatte am Tage wie bei der Nacht kaum einen anderen Gedanken als meinen Sohn Arthur" [1]).

Es erscheint durchaus verständlich, daß Johanna Schopenhauer, die an der Seite eines ungeliebten Gatten leben mußte, ihre ganze Liebe und Zärtlichkeit an ihr Kind verschwendete, besonders, wenn wir daran denken, daß sie die ersten Jahre nach Arthurs Geburt meist auf dem Schopenhauerschen Landsitz bei Oliva ziemlich eingezogen lebte.

Arthur Schopenhauer ist sich bei aller Verbitterung doch immer bewußt gewesen, in seiner Kindheit die Mutterliebe genossen zu haben. Das erhellt sogar aus der folgenden Bemerkung: „Überhaupt aber wird eine Frau, die ihren Mann nicht geliebt hat, auch ihre Kinder von ihm nicht lieben, nämlich nachdem die Zeit der bloß instinktiven daher nicht moralisch anzurechnenden Mutterliebe vorüber ist" [2]). Auch Arthur Schopenhauer hat das Paradies der Kindheit gekannt, in dem er von mütterlicher Zärtlichkeit umhegt wurde und hat es nie vergessen können. Die Annahme,

---

[1]) J. u. W. I, 384.
[2]) VII/VIII 238.

daß Arthur als Kind, und nicht nur in frühester Kindheit, seine Liebe der Mutter und nicht dem Vater entgegengebracht habe, wird begründet erscheinen, wenn wir auf sein Verhältnis zu diesem einen Blick werfen. Heinrich Floris Schopenhauer war ein Mann von unbeugsamer Strenge und Härte. Wie Arthur in der Jugend unter diesen Eigenschaften des Vaters gelitten haben muß, geht aus der folgenden Äußerung hervor, die er 1846 oder 1847 zu Frauenstaedt getan hat: „Ich habe freilich schon viel in der Erziehung, durch die Härte meines Vaters zu leiden gehabt" [1]). Wenn wir wissen, mit welcher schwärmerischen Verehrung Schopenhauer sonst von seinem Vater spricht, so müssen wir jenem Ausspruch eine ganz besondere Bedeutung zuerkennen. Sicherlich ist es alles andere, als Zuneigung gewesen, was Arthur für seinen Vater bei dessen Lebzeiten empfunden hat. War dieser es doch auch, der ihn unter Anwendung einer „grausamen List" zur Entscheidung für den Kaufmannsberuf gezwungen hatte, der Arthur in tiefster Seele zuwider war. Heinrich Floris Schopenhauer hatte nämlich dem Knaben die Wahl gestellt, entweder mit den Eltern die Reise durch fast ganz Europa mitzumachen und sich dafür für die kaufmännische Laufbahn förmlich und feierlich zu verpflichten, oder aber in Hamburg zurückzubleiben und ein Gymnasium zu beziehen. Natürlich ging der Knabe in die Falle. Dagegen hatte die Mutter vergeblich alles getan, um Arthur die ersehnte Gelehrtenlaufbahn zu eröffnen. „Ach, lieber, lieber Arthur," schreibt sie am 28. April 1807, „warum mußte damals meine Stimme so wenig gelten, was du jetzt wünschest, war ja einst mein wärmster Wunsch, wie tätig strebte ich drauf los ihn auszuführen, trotz allem was man mir entgegensetzte, war ich doch durchgedrungen, aber wir beide wurden auf eine grausame Art getäuscht, wir wollen darüber schweigen, diese späten Klagen helfen nichts. . . Wäre mein Plan nicht so unbarmherzig zerstört, du hättest jetzt eine Domherrn Stelle und wärst auf der Universität, wie viel tat ich dafür, . . . meine Gründe waren unwiderstehlich, nur jene grausame List konnte sie besiegen" [2]).

Heinrich Floris Schopenhauer hatte seinen Sohn gleich bei der Geburt als den künftigen Inhaber der Firma begrüßt und ihm den Namen „Arthur" deshalb gegeben, weil dieser

---

[1]) Gr. G. p. 22.
[2]) Schem. p. 61, 65.

in allen Weltsprachen gleich laute. Im Hinblick auf seinen Lieblingsplan scheint der Vater äußerst unzufrieden mit seinem heranwachsenden Sohne gewesen zu sein, der den väterlichen Intentionen so gar nicht mit Neigung entgegenkam. Die von Gwinner überlieferten Stellen aus Briefen des alten Schopenhauer an Arthur enthalten nur eine Kette von Ermahnungen und Rügen über Schrift, Haltung, Benehmen, Beschäftigung, Ordnungsliebe. Fast ungläubig verwundert klingt die Stelle: „Die Mutter schreibt mir gar, daß du mit eins ein besserer Jüngling geworden" [1]). Arthur sah sich damals, im Herbste des Jahres 1804, nach Beendigung der großen Reise, aus allen Himmeln gestürzt. Er schreibt über seine Gemütsverfassung in jener Zeit später in dem bei der Universität Berlin eingereichten Curriculum vitae: „Aber eine viel verderblichere beklagenswerte Niederlage war mir damals vorbehalten. Denn als ich nach Hamburg zurückkehrte, mußte ich mein Gelöbnis erfüllen und ohne Ausflüchte mich dem Kaufmannsberufe zuwenden... Aber niemals gab es einen schlechteren Kaufmannsschreiber als ich war... Mit ganzer Seele verabscheute ich jene Tätigkeit." Ferner spricht er von „verhaßter Beschäftigung" und „schlimmster Knechtschaft" [2]).

Sicherlich waren da Briefe, wie die geschilderten, und entsprechend vorauszusetzende mündliche Auseinandersetzungen nicht dazu angetan, dem Vater das Herz des Sohnes zu gewinnen. In den vier Monaten nach der Beendigung der Reise — es waren die letzten Monate Heinrich Floris Schopenhauers — hat sich wahrscheinlich das Verhältnis zwischen Vater und Sohn immer unerträglicher gestaltet. Wir denken an die krankhafte Reizbarkeit des alten Schopenhauer, von der im vorigen Kapitel Proben gegeben wurden. Dazu sah sich Arthur, der als Lehrling in ein Hamburger Handelshaus eingetreten war, nun für immer von der Gelehrtenlaufbahn ausgeschlossen.

Die Entstehung einer gewissen Feindseligkeit des jugendlichen Sohnes gegen den Vater, die übrigens häufig genug ist, ließe sich im vorliegenden Falle nach dem Bisherigen zunächst aus der väterlichen Autokratie erklären, die der Sohn als drückend empfindet. In diesem Sinne äußert sich zu dem allgemeinen Problem Spranger in seiner „Psychologie des Jugendalters". Dort heißt es: „Aber der Vater hat alle

---

[1]) Gw. p. 33.
[2]) Gw. p. 159.

reale Macht in der Hand: er besitzt den Hof (oder das Geschäft); er muß für alles das Geld geben; er bestimmt — das Kleinste ist oft das Fühlbarste — die Hausordnung; er muß bei der Berufswahl gefragt werden; er bewacht die ersten Liebeswerbungen und hat für sie, ach! so andere Maßstäbe als verstanden werden können. Kurz, eine stille Feindschaft entsteht. Es ist nichts als Faselei, wenn diese Wendung generell auf eine angebliche kindlich-sexuelle Bindung an die Mutter und auf latente Eifersucht zurückgeführt wird ... Je stärker die Entfernung vom Vater wird, um so mehr wird die Tendenz vorhanden sein, das nahe Band zur Mutter lebendig zu erhalten" [1]. Die polemische Bemerkung richtet sich gegen die einseitige Überschätzung des sogenannten „Ödipuskomplexes", vor der Spranger mit Recht warnt. Gewiß ist es der psychanalytischen Forschung in zahlreichen Fällen gelungen, diesen Komplex nachzuweisen. Doch darf das nicht dazu verführen, die feindselige Einstellung des Sohnes zum Vater regelmäßig als Eifersucht, als sexuelle Rivalität anzusehen und stichhaltige Gründe anderer Art zu ignorieren. Im Falle Schopenhauers deutet manches in der späteren Entwicklung seines Verhältnisses zur Mutter darauf hin, daß eine infantil-sexuelle Fixation vorgelegen haben könnte. In einer solchen Bindung wäre freilich ein weiterer Grund für die Abwendung vom Vater zu erblicken. Neben der Eifersucht auf die Herrscherstellung des Vaters würde eine unbewußte Eifersucht auf den Besitz der Mutter anzunehmen sein. Eine entscheidende Rolle hat der „Ödipuskomplex" bei Schopenhauer sicherlich nicht gespielt, vor allem ist in ihm nicht der Grund zu suchen, warum Schopenhauer sich vom weiblichen Geschlecht überhaupt abkehrte.

Wenn wir voraussetzen können, daß ein glückliches Verhältnis zwischen Heinrich Floris und Arthur Schopenhauer nicht bestanden hat, so ist der Urgrund der Entfremdung zweifellos in der unglücklichen Ehe der Eltern zu suchen. In einer unglücklichen Ehe liegen stets die Keime für eine psychische Belastung des Kindes, da dieses stillschweigend oder ausdrücklich zu einer Parteinahme aufgefordert wird. Das Kind nimmt dann auch gefühlsmäßig und meist mit großer Heftigkeit Partei, wobei sicherlich infantil-sexuelle Regungen die Richtung entscheidend beeinflussen. Eine gewisse instinktive Bevorzugung eines der Eltern durch das Kind ist natürlich

---

[1] p. 151 f.

unabhängig von dem Verhältnis zwischen Vater und Mutter denkbar. Zur extremen Parteinahme für und wider wird sie aber in der Regel nur dann führen, wenn dem Kinde in dem einen Teile der Eltern ein Bundesgenosse gegen den andern Teil ersteht, wie das eben nur aus einer unglücklichen Ehe resultieren kann. Stellte nun eine solche parteiische Entscheidung des Kindes eine klare Lösung dar, so könnte von einer psychischen Belastung keine Rede sein. Tatsächlich aber wird der Konflikt der Eltern häufig zu einem inneren Konflikt des Kindes führen, der manchmal zeitlebens keine Heilung erfährt. Denn das Kind weiß, daß es beiden Eltern moralisch gleich verpflichtet, daß es also beiden seine Liebe schuldig ist. Infolgedessen ist eine feindselige Gesinnung, die es für den einen Teil hegt, von stetem Schuldgefühl begleitet, dessen Intensität dem geistigen und ethischen Niveau des Kindes proportional ist. (Wer erinnert sich nicht aus seiner Jugend des einen oder anderen Falles, wo er, vom Vater vermeintlich oder wirklich ungerecht bestraft, gegen diesen im ersten Zorn ausschweifende Haß- und Rachegedanken hegte, und wie sich dann bald ein schweres Schuldbewußtsein einstellte, so daß man nun erst recht versuchte, sich wieder in Gnade zu bringen?)

Gewiß ist es nicht nur das Pflichtbewußtsein, das auf der anderen Seite das Schuldgefühl hervorruft. Hier spricht vor allem auch ein instinktives Gefühl der Kindschaft mit. Spranger charakterisiert die Eigenart der Feindschaft des Sohnes gegen den Vater vortrefflich, wenn er sagt: „Überhaupt ist ja dieses Losstreben mit einer seltsamen seelischen Dialektik behaftet: es ist eine Entwicklungsstufe. Ganz im stillen bleibt das geheime Band des Niemals-voneinander-Loskommens. Etwas von der Qual des Liebeshasses liegt in diesen Erfahrungen, wie sie Strindberg im „Totentanz“ und unübertrefflich G. Hauptmann im „Friedensfest“ gezeichnet hat. Selbst wenn die Entfremdung äußerlich dauernd werden sollte: noch in der Temperatur der Abneigung, die der Sohn gegen den Vater hat, bleibt etwas von unauslöschlicher Liebeswärme erhalten“ [1]). Es ist das Gesetz der Bipolarität, das hier Geltung hat. In der Liebe liegt die Möglichkeit des Hasses, im Haß die Möglichkeit der Liebe verborgen.

Wenn die Feindschaft des Kindes, etwa gegen den Vater, von einem dumpf lastenden unter- oder halbbewußten Schuld-

---

[1]) Ps. d. J. p. 152.

gefühl begleitet ist, so kann dieses Gefühl eine furchtbare Erschütterung in der Seele des Kindes hervorrufen, wenn dem gehaßten Vater ein Unglück zustößt, besonders, wenn das Eingetroffene heimliche böse Wünsche des Kindes erfüllt, Wünsche, die das Gewissen immer wieder vergeblich in die Tiefen des Bewußtseins hinabgescheucht hatte. Die psychanalytische Forschung kennt Fälle über Fälle, in denen das Kind heimlich den Tod des Vaters oder der Mutter gewünscht hatte. Das Eintreten des Ereignisses bedeutete dann jedoch ein schweres psychisches Trauma für das Kind und verstrickte es in eine Schuldneurose. Mag auch die Seele des Kindes seelischen Verwundungen solcher Art mehr ausgesetzt sein, so ist die des Erwachsenen keineswegs dagegen gefeit. Der Glaube an die Macht der Wünsche, der aus den Märchen aller Zeiten und Länder spricht, schlummert in jedem Menschen, mag sein Verstand dazu sagen, was er will. So wird der Eintritt eines erwünschten Ereignisses in ursächliche Beziehung mit dem Wunsche gesetzt, jedem offen daliegenden Kausalnexus zum Trotz. Das Kind also, das seinen Vater gehaßt und ihm den Tod gewünscht hat, wird sich, wenn der Vater auf der Bahre liegt, als dessen Mörder betrachten, ganz gleich, was den Tod wirklich verursacht hat.

Wenn Arthur Schopenhauer als Knabe nur seine Mutter geliebt, dem Vater dagegen seine Liebe vorenthalten, ja ihm feindselig gegenübergestanden hat, so müssen wir bei seinen großen Anlagen des Geistes und Gemütes annehmen, daß auch er unter dem Drucke eines Schuldgefühls gestanden habe. Es war der Fall. Wenn Schopenhauer sagt: „Sobald ich zu denken angefangen, habe ich mich mit der Welt entzweit gefunden“ [1]), so sind solche frühzeitig auftretende düstere und menschenfeindliche Anwandlungen sicherlich im wesentlichen Auswirkungen seines Kindschaftskonfliktes. Mit größerer Sicherheit wird das Vorhandensein jenes Schuldgefühls aus dem Folgenden hervorgehen. Am 20. April 1805 stürzte sich Heinrich Floris Schopenhauer aus einer Luke des Speichers ins Fleet und fand seinen Tod. Die Wirkung dieses Ereignisses auf die Seele des Sohnes können wir uns gar nicht groß genug vorstellen. Über seine Gemütsverfassung und sein Leben unmittelbar nach dem Selbstmord des Vaters schreibt Schopenhauer in seinem der Universität Berlin eingereichten Curriculum

---

[1]) Gr. G. p. 117.

vitae folgendes: „Infolge dieses Trauerfalls steigerte sich die Verdüsterung meines Gemüts so sehr, daß sie von wirklicher Melancholie wenig mehr entfernt war. Obwohl ich sozusagen schon mein eigener Herr war und meine Mutter mir in nichts im Wege stand, fuhr ich fort, meine Stelle bei dem Kaufherrn zu versehen, teils weil der übergroße Schmerz die Energie meines Geistes gebrochen hatte, teils weil ich mir ein Gewissen daraus machte, die Beschlüsse des Vaters alsbald nach seinem Tode wieder aufzuheben, endlich weil ich bereits in einem zu weit vorgeschrittenen Alter zu stehen glaubte, um die alten Sprachen noch erlernen zu können“ [1]).

Geradezu lähmend also hatte der Selbstmord des Vaters auf den Sohn gewirkt. Was jene schwere seelische Depression hervorrief, war nicht die reine Trauer über den Verlust, sondern das Schuldgefühl. Dieses veranlaßte Arthur auch, freiwillig bei der verhaßten Tätigkeit zu verbleiben. Das Pflichtbewußtsein entsprang einem Verlangen nach Buße, und eine schwerere konnte er sich kaum auferlegen. Man müßte an einen übertriebenen und kaum wahrscheinlichen Heroismus der Pflicht glauben, wenn man annehmen wollte, daß Schopenhauer ohne jenen inneren Zwang des Schuldgefühls auf ein erschlichenes Versprechen hin das ungeheure Opfer gebracht hätte. Spranger schreibt in seiner „Psychologie des Jugendalters“ in Übereinstimmung mit den Erfahrungen der psychanalytischen Forschung: „Man versteht die Entwicklung einer Seele und besonders ihre Verbildungen in vielen Fällen dann am besten, wenn man bis zu dem Punkte des Jugendalters zurückgeht, an dem sie einen „Knick“ erhalten hat“ [2]).

Wir halten dafür, daß diesen Knick, das entscheidende Trauma für Arthur Schopenhauers Seele, der Tod des Vaters bedeutet hat, und daß dieses Trauma für Leben und Weltanschauung des Philosophen von entscheidender Bedeutung gewesen ist. Arthur Schopenhauer teilt selbst über die Konzeption seiner pessimistischen Weltanschauung folgendes mit: „In meinem 17. Jahre, ohne alle gelehrte Schulbildung, wurde ich vom Jammer des Lebens so ergriffen, wie Buddha in seiner Jugend, als er Krankheit, Alter, Schmerz und Tod erblickte. Die Wahrheit, welche laut und deutlich aus der Welt sprach,

---

[1]) Gw. p. 159 f.
[2]) Ps. d. J. p. 155 f.

überwand bald die auch mir eingeprägten jüdischen Dogmen, und mein Resultat war, daß diese Welt kein Werk eines allgütigen Wesens sein könnte, wohl aber das eines Teufels, der Geschöpfe ins Dasein gerufen, um am Anblick ihrer Qual sich zu weiden. Darauf deuteten die Data, und der Glaube, daß es so sei, gewann die Oberhand".

Es ist kaum zweifelhaft, daß dieser so plötzlich und gewaltig auftretende Weltschmerz mit der im Curriculum vitae geschilderten Depression zusammenfällt und der gleichen Wurzel entstammt. Die furchtbare Erschütterung beim Tode des Vaters, die, wie sich ergeben soll, zeitlebens in der Seele Schopenhauers nachgezittert hat, ist aber nur zu erklären aus dem Gefühl der Schuld. Die Schuld, die längst schon in einem Winkel seiner Knabenseele gelauert hatte, bäumte sich bei dem schrecklichen Ereignis hoch auf wie ein Ungeheuer, und der Jüngling kann ihren Anblick nicht ertragen. Er wendet sich ab, er sucht das Schreckliche zu vergessen, zu verdrängen und wird darüber seelenkrank für sein ganzes Leben. Hier gilt der Satz Wilhelm Stekels: „Die Neurose ist die endopsychische Wahrnehmung des Hasses, durch die Brille des Schuldbewußtseins" [1]). Sicherlich liegt die Quelle des Schuldbewußtseins bei Arthur Schopenhauer hauptsächlich in lange gehegten, geheimen Todeswünschen gegen den Vater, deren entsetzliche Erfüllung als psychisches Trauma wirkte. Denken wir doch daran, daß nur der Tod des Vaters für Arthur die Befreiung von pedantischer, harter Erziehungstyrannei, vor allem aber von der Fron des verhaßten Berufes bringen konnte. Ganz verfehlt wäre es, einem Sohne aus solchen unterbewußten Todeswünschen einen Vorwurf zu machen. Sie gehören eben zu dem, was „im Grund der Seele ruht" (Stekel) und was noch nicht die moralische Kontrolle passiert hat. Wie stark die moralische Zensur bei Arthur Schopenhauer war, zeigt nachher die furchtbare Erschütterung seines Gemütes mit aller Deutlichkeit. Wenn hier von „Todeswünschen" und „Schuldgefühl" die Rede ist, so muß immer wieder betont werden, daß es sich um absichtlich dem Bewußtsein entfremdete Komplexe handelt.

Die schädlichen Wirkungen solcher bewußtseinsfremder Innenvorgänge auf die seelische Gesundheit hat gerade Arthur

---

[1]) St., „Sprache des Traumes" p. 563.

Schopenhauer schon mit überraschender Schärfe erkannt. Seine Äußerungen über diesen Punkt lassen ihn als genialen Vorläufer der psychanalytischen Richtung erscheinen. In dem Kapitel „Über den Wahnsinn“ heißt es: „Die im Texte gegebene Darstellung der Entstehung des Wahnsinns wird faßlicher werden, wenn man sich erinnert, wie ungern wir an Dinge denken, welche unser Interesse, unseren Stolz oder unsere Wünsche stark verletzen, wie schwer wir uns entschließen, dergleichen dem eigenen Intellekt zu genauer und ernster Untersuchung vorzulegen, wie leicht wir dagegen unbewußt davon wieder abspringen oder abschleichen, wie hingegen angenehme Angelegenheiten ganz von selbst uns in den Sinn kommen und, wenn verscheucht, uns stets wieder beschleichen, daher wir ihnen stundenlang nachhängen. In jenem Widerstreben des Willens, das ihm Widrige in die Beleuchtung des Intellekts kommen zu lassen, liegt die Stelle, an welcher der Wahnsinn auf den Geist einbrechen kann. Jeder widrige neue Vorfall nämlich muß vom Intellekt assimiliert werden, d. h. im System der sich auf unseren Willen beziehenden Wahrheiten eine Stelle erhalten, was immer Befriedigenderes er auch zu verdrängen haben mag. Sobald dies geschehen ist, schmerzt er schon viel weniger, aber die Operation selbst ist oft sehr schmerzlich, geht auch meistens nur langsam und mit Widerstreben vonstatten. Inzwischen kann nur, insofern sie jedesmal richtig vollzogen worden, die Gesundheit des Geistes bestehen. Erreicht hingegen, in einem einzelnen Fall, das Widerstreben und Sträuben des Willens wider die Aufnahme einer Erkenntnis den Grad, daß jene Operation nicht rein durchgeführt wird, werden demnach dem Intellekt gewisse Vorfälle oder Umstände völlig unterschlagen, weil der Wille ihren Anblick nicht ertragen kann, wird alsdann, des notwendigen Zusammenhanges wegen, die dadurch entstandene Lücke beliebig ausgefüllt — so ist der Wahnsinn da“ [1]). Die Stelle bedarf keines Kommentars. Wir finden hier den Vorgang der „Verdrängung“ (Freud) mit seinen psychischen Folgen in den Grundzügen deutlich und richtig dargestellt, wenn auch nur auf die schwere Krankheitsform der Paranoia eingegangen ist. Dem Philosophen hat offenbar eine erstaunliche Selbstbeobachtung jene Auffassung eingegeben. Es ist ihm nicht entgangen, daß auch in ihm bewußtseinsscheue, unterirdische Elemente am Werke waren,

---

[1]) III/IV 414 f.

die seine seelische Gesundheit beeinträchtigten, wenn ihm auch die Selbstanalyse nicht gelungen ist.

Von einem Übel, das Artur Schopenhauer nach dem Tode des Vaters außer der schweren Depression noch traf, kann nur die Vermutung ausgesprochen werden, daß es gleichfalls aus dem Boden des Schuldgefühls erwachsen sein könnte. Eine Gehörstörung stellt sich bei ihm ein. Johanna Schopenhauer schreibt aus Weimar unterm 19. Dezember 1806: „An deine Taubheit mag ich ungern denken, sie ist das einzige, was mich jetzt an meinem vollkommenen Glücke hindert" [1]). Unterm 28. April 1807: „Von dem Fehler deines Gehörs spreche ich mit Fleiß nicht, wird er nicht gehoben, so ist er ein Unglück, das du mit Ergebung und Mut tragen mußt, wird es nicht ärger, so ist das Unglück eigentlich unbedeutend und wird dir in keinem Geschäft sonderlich hinderlich sein . . ." [2]). Nach der Art der Erwähnung muß die Störung jüngeren Datums gewesen sein. Auch nach Schopenhauers eigener Äußerung ist sie im „Jünglingsalter" [3]) aufgetreten. Es liegt nahe, sie mit der Depression Schopenhauers in jener Zeit zusammenzubringen und als psychisches Leiden aufzufassen. Die Erblichkeit mag insofern mitspielen, als die Gehörorgane durch sie zum Locus minoris resistentiae prädestiniert waren. Es sei die Vermutung geäußert, daß es sich um ein sogenanntes „nervöses", d. h. hysterisches Gehörleiden gehandelt haben könnte, resultierend aus dem Schuldgefühl als unbewußter Akt der Buße, ähnlich wie das Verbleiben in der kaufmännischen Lehre. Die Selbstbestrafung trifft gerade das Organ, an dem der Vater gelitten hatte, nicht nur infolge erblicher Belastung, sondern auch, weil auf diese Art eine dem Gegenstand des Schuldbewußtseins angepaßte Sühne erreicht scheint. Es läge also möglicherweise eine Art von „Talion" vor. Doch soll auf diese Hypothese weiter kein Gewicht gelegt werden.

Schon das freiwillige Verbleiben Schopenhauers bei der verhaßten kaufmännischen Tätigkeit hatte gezeigt, daß aus dem Schuldgefühl ein Sühnebedürfnis erwachsen war, das zur Selbstbestrafung führte. Aber trotz der Sühne bohrt das Schuldgefühl in Arthur Schopenhauer unterirdisch weiter. Das ist ganz natürlich, denn nur das Licht des Bewußtseins hätte die

---

[1]) Schem. p. 52.
[2]) Schem. p. 66.
[3]) Gr. Br. 320.

„verdrängten Komplexe“, diese wahren Dämonen der Finsternis zunichte machen können. Die freiwillige Sühne hatte die Strafe abwenden sollen, eine Auffassung, die tief im Wesen des Menschen begründet ist und uns daher auch in allen Religionen begegnet. Jedoch die Furcht vor dem vollen Maß der Strafe bleibt bei Schopenhauer im Grunde der Seele zurück. Diese Furcht schafft wiederum das Bestreben, Schutzwehren gegen die erwartete Strafe zu errichten. Aus dem Folgenden soll sich ergeben, daß der sogenannte „Frauenhaß“ Arthur Schopenhauers als eine solche Schutzwehr aufzufassen ist. Auch seine Angstzustände und Phobien, deren wir später Erwähnung tun werden, geben uns den Schlüssel zu Schopenhauers Seelenleiden in die Hand. Es heißt: Angst aus Schuldgefühl.

Wenden wir uns nach diesem der Entwicklung zu, die das Verhältnis Schopenhauers zu seiner Mutter und seine Einstellung zum Vater nach dessen Tode genommen hat. Es beginnt die Phase, in deren Verlauf sich die Liebe des Sohnes zur Mutter allmählich in unversöhnlichen Haß verwandelt. In dem Maße, wie Arthur Schopenhauer sich seiner Mutter entfremdet, steigert sich seine Verehrung für den einst gehaßten Vater. Eine völlige Umkehrung der infantilen Stellungnahme tritt ein. Die Verehrung, die Schopenhauer dem Andenken seines Vaters widmet, hat etwas Emphatisches, ja Übertriebenes an sich. Sie wächst heraus aus dem Bedürfnis, wiedergutzumachen und gleichsam die Manen des Vaters zu versöhnen. 1820 schreibt Schopenhauer in seinem schon erwähnten Curriculum vitae über seinen Vater: „Er war ein gestrenger, heftiger Mann, aber von tadelloser Unbescholtenheit, Rechtlichkeit und unverbrüchlicher Treue, dabei in Handelsgeschäften mit vorzüglicher Einsicht begabt. Wieviel ich ihm verdanke, vermag ich kaum in Worten auszudrücken; denn, wenn auch die Laufbahn, die er mir zu eröffnen beschlossen hatte, in seinen Augen freilich die beste, meinem Geiste nicht angemessen war, daß ich frühzeitig in nützliche Kenntnisse eingeweiht wurde, daß mir dann die Freiheit, die Muße und alle Hilfsmittel zur Verfolgung des Zieles, für das allein ich geboren war, zur Gelehrtenausbildung, nicht fehlten, daß mir endlich auch später, in reiferen Jahren, ohne mein Zutun Vorteile zuteil wurden, deren die wenigsten meiner Art und Anlage sich zu erfreuen gehabt haben, nämlich freie Zeit und eine vollkommen sorgenlose Existenz, kraft deren es mir gestattet war, eine Reihe von Jahren hindurch Studien, die in Hinsicht auf Gelderwerb die unfruchtbarsten sind, Untersuchungen und Meditationen der allerschwierigsten Gattung ausschließlich nachzuhängen und zuletzt, was ich erforscht und durchdacht, durch nichts abgezogen oder gestört, niederzuschreiben — das alles danke ich einzig jenem Manne; denn kein Kaiser hat uns diese Muße bereitet. Deshalb werde ich, solange ich lebe, diese unaussprechlichen Verdienste und Wohltaten des besten Vaters immer im Herzen bewahren und dessen Gedächtnis heilig halten" [1]). (Die Mutter wird in dem gleichen Schreiben mit wenigen Worten abgetan!)

Noch gesteigert erscheint der Vaterkultus Schopenhauers in dem Entwurf einer Dedikation für die zweite Auflage des Hauptwerkes: „Den Manen meines Vaters, des Kaufmanns Heinrich Floris Schopenhauer."

„Edler vortrefflicher Geist! dem ich alles danke, was ich bin und was ich leiste. Deine waltende Vorsorge hat mich geschirmt und getragen, nicht bloß durch die hilflose Kindheit und unbedachtsame Jugend, sondern auch ins Mannesalter und bis auf den heutigen Tag. Denn, indem du einen Sohn, wie ich bin, in die Welt setztest, sorgtest du zugleich dafür, daß er auch als ein solcher in einer Welt, wie diese ist, bestehen und sich entwickeln konnte. Du warst auf den Fall bedacht, daß er nicht eben geeignet sein möchte, die Erde zu ackern, oder sonst durch ein mechanisches Gewerbe seine Kräfte zur Sicherung seiner Subsistenz zu verwenden und scheinst vorhergesehen zu haben, daß dein Sohn, du stolzer Republikaner, nicht das Talent würde haben können, wetteifernd mit médiocre et rampant, vor Ministern und Räten zu kriechen, um ein schwer abzuverdienendes Stück Brot erst niederträchtig zu erbetteln; oder der sich blähenden Mittelmäßigkeit zu schmeicheln und demütig sich dem lobpreisenden Gefolge scharlatanischer Pfuscher anzuschließen; daß er vielmehr als dein Sohn und mit deinem verehrten Voltaire denken würde: Nous n'avons que deux jours à vivre; il ne vaut pas la peine de les passer à ramper devant des coquins méprisables. Daher weihe ich dir mein Werk, das nur unter dem Schatten deines Schutzes entstehen konnte . . . Und jeder, der an meinem Werk irgendeine Freude, Trost oder Belehrung findet, soll deinen Namen vernehmen und wissen, daß, wenn Heinrich Floris Schopenhauer nicht der Mann gewesen wäre, der er war, Arthur Schopenhauer hundertmal zugrunde gegangen wäre."

---

[1]) Gw. p. 157 f.

Robert v. Hornſtein berichtet: „Wenn Schopenhauer die Vorzüge ſeines Vaters gegen die Fehler ſeiner Mutter hervorgehoben hatte, ſchloß er: Der Geiſt meines Vaters ſchwebt über mir und ſagt: Nicht wahr, mein Sohn, ich habe beſſer für dich geſorgt?" [1]). Bezeichnend für die Voreingenommenheit Schopenhauers iſt, was Frauenſtaedt erzählt: „Von ſeinem Vater ſprach Schopenhauer mit großer Dankbarkeit, teilte mir auch manches über das vornehme Haus, das sein Vater gemacht, und das vornehme Leben, das ſie auf Reiſen geführt, mit, daran die Bemerkung knüpfend, daß es im Kaufmannsſtande, wie ſich beſonders bei der Bewirtung von Gäſten und auch ſonſt zeige, nicht ſo knickerig hergehe, wie in anderen Ständen. Der Kaufmann ſei im allgemeinen weit freigebiger, ſplendider, als Leute aus anderen Ständen" [2]). Hier ſehen wir, wie parteiiſch Schopenhauer in bezug auf ſeine Eltern urteilte. Das glänzende Auftreten, die großen Reiſen, die Heinrich Floris Schopenhauer jahrelang von ſeinem Geſchäft fernhielten, haben ſicherlich zuerſt den Rückgang des Familienvermögens veranlaßt. Sagt doch Adele Schopenhauer, daß die Eltern „weit über ihren Stand" [3]) gelebt hätten. Um ſo mehr fällt es auf, wenn Artur dem Vater das „ſplendide" Auftreten geradezu als Verdienſt anrechnet, während er der Mutter ganz allein das „finanzielle Herabkommen ſeiner Familie" [4]) zuſchreibt. Überhaupt ſieht Schopenhauer am Vater, deſſen Verdienſte um ihn doch eigentlich recht problematiſcher Natur waren, nur noch Vorzüge, an der Mutter aber, die ihm den Weg ſeiner Beſtimmung geöffnet hatte, der er den Umgang mit Männern wie Goethe, Wieland, Fernow verdankte, nichts als Fehler, und kein Wort der Dankbarkeit kommt über ſeine Lippen.

Wenn die übertriebene Verehrung des Vaters in dem Sühnebedürfnis des Sohnes ihre Erklärung findet, ſo iſt weiter zu fragen, wie es möglich war, daß das Verhältnis Arthurs zur Mutter ſich ſo unglücklich geſtalten konnte.

Der Abſchiedsbrief der Johanna Schopenhauer, die im Herbſt 1806 mit ihrem Töchterchen nach Weimar überſiedelte, an Arthur iſt im herzlichſten Tone gehalten. Er lautet: „Du biſt eben fortgegangen; noch rieche ich den Rauch von Deiner Zigarre, und ich weiß, daß ich Dich in langer Zeit nicht wieder-

---

[1]) Gr. G. p. 59.
[2]) Gr. G. p. 23.
[3]) Hs. an Ott. Cöln, 2. Januar 1828.
[4]) Gr. G. p. 59.

sehen werde. Wir haben den Abend recht froh miteinander hingebracht; laß das den Abschied sein! Lebewohl, mein guter, lieber Arthur! Wenn Du diese Zeilen erhältst, bin ich vermutlich nicht mehr hier; aber wenn ich es noch wäre, komm nicht! Ich kann das Abschiednehmen nicht aushalten. Wir können einander ja wiedersehen, wenn wir wollen; ich hoffe, es wird nicht gar zu lange währen, so wird uns auch die Vernunft erlauben, es zu wollen. Lebewohl! Ich täuschte Dich zum ersten Male; ich hatte die Pferde halb sieben bestellt. Ich hoffe, es wird Dir nicht zu wehe tun, daß ich Dich täuschte: ich tat es um meinetwillen; denn ich weiß, wie schwach ich in solchen Augenblicken bin, und wie sehr mich jede heftige Rührung angreift! Lebewohl! Gott segne Dich!"[1]).

Ein Passus dieses Briefes, der von mütterlicher Liebe zeugt und auch die liebvolle Anhänglichkeit Arthurs an die Mutter erkennen läßt, läßt trotz allem darauf schließen, daß das Verhältnis nicht ungetrübt gewesen ist. Was sollte es sonst bedeuten, wenn Johanna die Hoffnung ausspricht, daß die Vernunft ihnen bald erlauben möchte, ein Wiedersehen zu wollen? In die Liebe Arthurs zu seiner Mutter hatten sich schon damals fremde Elemente eingeschlichen: Eifersucht und Mißtrauen. Bereits im Frühling 1806, als Johanna mit Adele in Begleitung eines Verwandten der Trosienerschen Familie eine „Explorationsreise" unternahm, hat Arthur, wie aus dem vorhandenen Antwortbriefe hervorgeht, die Befürchtung geäußert, die Mutter könnte sich mit jenem Manne, der in den Briefen „der Doktor" genannt wird, verheiraten. Johanna weist den Verdacht ruhig zurück: „Sei ruhig, mein guter Arthur, ich fühle zu sehr das Glück meiner zu teuer erkauften Unabhängigkeit, als daß ich sie mutwillig verscherzen sollte" (Dresden, 4. Juni 1806)[2]).

Als die Mutter in Weimar ist, scheint Arthurs Verdacht auf Fernow gefallen zu sein, über dessen Umgang mit Johanna er von dieser selbst unterrichtet war. Denn am 9. Januar 1807 schreibt sie u. a.: „Denke Dir nur nicht einen hübschen jungen Mann unter Fernow, er ist einige 40 Jahre alt und hat eine Römerin zur Frau"[3]).

In einem Briefe vom 23. März 1807 sucht sie wieder Arthurs anscheinend immer waches Mißtrauen zu beschwichtigen:

---

[1]) Schem. p. 42.
[2]) Gr. N. B.
[3]) Schem. p. 54.

„An Anbetern fehlt es mir nicht, aber laß Dir nicht bange sein“ usw. [1]).

Fernow war es, dem Arthur Schopenhauer die Befreiung von der „Knechtschaft“ verdanken sollte. Die melancholischen Briefe des Sohnes veranlaßten die Mutter, den Freund um Rat zu fragen. Nachdem dieser zugunsten eines Berufswechsels entschieden hatte, gab Johanna brieflich ihre Einwilligung und legte ein ausführliches Gutachten Fernows bei. Schopenhauer berichtet über das Weitere im Curriculum vitae: „Als ich diesen Brief durchgelesen hatte, vergoß ich reichliche Tränen, und auf der Stelle war ich, der ich bei jeder anderen Wahl sehr zögerte, fest entschlossen“ [2]).

Bisher hatte Arthur, von jenem Schuldgefühl gelähmt, keinen Versuch gemacht, die Ketten abzuschütteln, sondern sich nur brieflich in allgemeinen pessimistischen Reflexionen ergangen, ohne sein individuelles Leid zu betonen. Er hatte auf den Augenblick gewartet, der ihm die Freiheit bringen würde, ohne ihn in neue Schuld zu verstricken. Jetzt fühlte er sich durch die Autoritäten der Mutter und des berühmten Gelehrten gedeckt, sein Gewissen über den Bruch des dem Vater gegebenen Versprechens beruhigt. Sein heißer Wunsch war erfüllt: Er konnte einen gelehrten Beruf ergreifen. Wenn aber Arthur gehofft hatte, zur Mutter nach Weimar zu kommen, so sollte er eine Enttäuschung erleben. Johanna Schopenhauer wollte sich nicht mit der Gegenwart des kritischen und hypochondrischen Sohnes belasten. Gotha wurde zum Orte der Ausbildung Arthurs bestimmt.

Johanna Schopenhauer hatte ihre Befreiung vom Ehejoch, wenn sie auch „teuer erkauft“ war, mit Freuden begrüßt. Ihr sehnlichster Wunsch war, dem ganzen Milieu zu entrinnen, in dem sie mit ihrem Gatten gelebt hatte. Unmittelbar nach Ablauf des Trauerjahres, im Frühling 1806, finden wir sie schon auf der erwähnten „Explorationsreise“. Im Oktober des Jahres siedelt sie sich in Weimar an. Sie konnte wohl kaum eine Umgebung finden, die ihrer bisherigen mehr entgegengesetzt gewesen wäre. Aus der Stadt des Erwerbs und des Geldes, in deren Gesellschaft peinliches patrizisches Zeremoniell und starrer Prunk herrschten, kam sie an den Ort eines freien Geisteslebens und zwangloser, prunkloser Geselligkeit.

---

[1]) Schem. p. 60.
[2]) Gw. p. 158.

Und sie gibt ihrer Freude über diesen Wechsel unverhohlen Ausdruck: „Ich bin hier in einer ganz andern Welt," schreibt sie unterm 10. März 1807 an Arthur, „aber ich weiß wohl, daß die Welt, in der Du lebst, auch sein muß, obgleich ich mich herzlich freue, daß ich ihr entronnen bin" [1]). Über das Unglück ihrer Ehe äußert sie sich zum Sohne mit einer Offenheit und Selbstverständlichkeit, aus der wir nur wieder entnehmen können, daß Arthur Schopenhauer sich schon längst über diese Tatsache im klaren gewesen ist. Vor dem Tode des Vaters hätten solche Klagen und Anklagen der Mutter sicherlich nur die Zustimmung Arthurs gefunden. Jetzt wirken sie anders. Wenn dem Sohne immer wieder von der Mutter gezeigt wird, daß sie seinen Vater nicht geliebt habe, so fühlt sich jener jetzt an der wundesten Stelle seiner Seele peinlich berührt. Auch an der Liebe der Mutter zu ihm beginnt er zu zweifeln, besonders, da diese öfters Charakterähnlichkeiten zwischen ihm und Heinrich Floris Schopenhauer feststellt. So ist es denn verständlich, wenn Arthur den Anklagen der Mutter gegen den Vater nicht mehr zustimmt, sich wohl gar dagegen wendet. Wenigstens macht ein Brief der Johanna Schopenhauer geradezu den Eindruck einer Rechtfertigungsschrift. Nach dem Charakter des Briefes zu urteilen, hat Arthur dem Vater jeden Vorwurf erspart und nur für die Mutter Ermahnungen und Vorwürfe bereit gehabt. Anders wäre es gar nicht zu erklären, daß diese mit aller Ausführlichkeit das Folgende darlegt, was dem Sohne natürlich genau so bekannt war, wie ihr selbst. Sie betont, daß alles, was sie bisher für ihn getan habe, gut für ihn gewesen sei, daß sie ihn dem Vater gegenüber stets vertreten habe. Während sie so ihre Verdienste hervorhebt, rückt sie zugleich die Verkehrtheit und Verwerflichkeit der väterlichen Maßnahmen in ein deutliches Licht. Sie fühlt offenbar, daß der Sohn ihr allmählich entgleitet und will nicht dulden, daß sich seine Liebe zugunsten des toten Vaters von ihr abwendet, obwohl sie selbst einer opferbereiten Mutterliebe nicht fähig ist.

Nicht ganz ohne Grund sagt später der Philosoph mit deutlicher Beziehung auf die eigene Mutter: „Die wirkliche Mutter wird, nach dem Tode des Mannes, oft zur Stiefmutter" [2]).

Bei Johanna Schopenhauer hatte sich das Liebesbedürfnis

---

[1]) Schem. p. 58.
[2]) VII/VIII 238.

während ihrer unglücklichen ehelichen Bindung auf die Kinder konzentriert. Das änderte sich, als sie frei wurde. Nun stand ihr die Welt, und nicht zuletzt die Männerwelt, offen, und die Witwe zögerte nicht, in die Freiheit hinauszufliegen. Nicht, als ob Johanna Schopenhauer etwa einen schrankenlosen Lebenswandel geführt hätte. Ihr Element war ein zwangloser, schöngeistiger Verkehr mit geistreichen Männern, in dem das erotische Moment zwar nicht fehlte, aber doch in den Schranken des Flirts blieb. Wir denken da etwa an ihre Beziehungen zu dem Rat v. Conta in Weimar, von dem sie an Arthur schreibt: „Wollte ich ausgehen, so hatte ich seinen Arm, wollte ich Schach spielen, so spielte **er**; wollte ich mir vorlesen lassen, so las er; wollte ich Musik, so sang er zur Guitarre; wollte ich quatre mains spielen, so spielte er; wollte ich malen, so saß er mir; wollte ich allein sein, so ging er; solch einen Cicisbeo finde ich nie wieder" (Neujahr 1807) [1].

Aus den Briefen der Johanna Schopenhauer an den Sohn spricht zwar unverkennbare mütterliche Fürsorge. Aber es ist keine schrankenlose Mutterliebe, die dahinter steht. Ihre Grenzen sind wohlberechnet. Durch Arthurs schwermütige Briefe beängstigt, hatte ihm die Mutter, durch Fernow bestimmt, die helfende Hand gereicht. Aber sie konnte sich nicht entschließen, ihn auf die Gefahr hin zu sich zu nehmen, daß ihre Freiheit und Ruhe eine Beeinträchtigung erleiden könnten. So bezog denn Arthur Schopenhauer das Gymnasium zu Gotha. Doch die Gothaer Schulzeit sollte bald einen unerfreulichen Abschluß finden. Arthur hatte einen Lehrer des Gymnasiums durch ein Spottgedicht gekränkt. Infolgedessen fühlte sich der Rektor Döring, bei dem Schopenhauer Privatunterricht im Lateinischen genoß, aus Gründen der Kollegialität veranlaßt, dem sonst von ihm hochgeschätzten Schüler aufzukündigen. Dörings Vorschlag, in Gotha zu bleiben und einen anderen Mentor zu suchen, lehnte Schopenhauer ab. Daß auf diese Schulaffäre eine mütterliche Strafpredigt erfolgte, war nicht mehr als natürlich. Freilich geht die Mutter in einem Briefe mit dem Sohne fast unbarmherzig streng ins Gericht und verurteilt, an die Gothaer Sache anknüpfend, Arthurs ganze Einstellung zur

---

[1]) Gr. N. B. p. 84. — (Dem Rat Conta schenkte übrigens Johanna Schopenhauer die erotische Bibliothek ihres Mannes mit einem kokett-naiven Widmungsgedicht, von dem das Goethe- u. Schiller-Archiv eine Abschrift besitzt.)

menschlichen Gesellschaft aufs schärfste.[1]) Die Unterbrechung der kaum begonnenen Laufbahn des Sohnes mußte freilich die Mutter mit Besorgnis erfüllen. Sie faßte die Angelegenheit um so ernster auf, als sie Arthurs an sich geringfügige Verfehlung mit Recht als aus seiner Wesensart resultierend ansah und sie nicht als bloßen unüberlegten Jugendstreich betrachten konnte. Johanna erkannte das Doktrinäre und Überhebliche im Wesen ihres Sohnes im allgemeinen richtig und mußte es höchst tadelnswert finden. Sie, deren Lebenselement verfeinerte, reibungslose Geselligkeit war, war peinlich berührt, an ihrem Sohne Eigenschaften zu sehen, die sie wie keine anderen in der Gesellschaft verpönt wußte und selbst höchst unangenehm im Umgang empfand.

Bei alledem fällt es doch auf, wie erbarmungslos Johanna dem jungen Misanthropen den Spiegel vorhält, wie ganz nur die strenge, kritische Erzieherin und nicht die liebende Mutter aus den Zeilen des Briefes spricht. Auf Seiten der Mutter haben wir wohl den tiefsten Grund der beginnenden Entfremdung nicht so sehr in der Charakterverschiedenheit als solcher zu suchen, als darin, daß Johanna in Arthur immer mehr den Sohn Heinrich Floris Schopenhauers erblickte, dessen starren Charakter sie in jenem wiederkehren sah. Zudem sah sie in dem Sohne, der trotz seiner Jugend mit Ermahnungen ihr gegenüber nicht sparte, mit Unwillen den „moralischen Stellvertreter" (Arthur Schopenhauer) des ungeliebten Gatten, der durch jenen noch über das Grab hinaus seine Rechte geltend zu machen schien.

Ihre Empörung über die Schulaffäre war um so größer, als nun wiederum die unbequeme Frage auftauchte, wo Arthur seine Ausbildung erhalten sollte. Es ging nun nicht wohl an, Weimar wieder von vornherein auszuschließen. Johanna läßt also dem Sohne wenigstens die Wahl zwischen Altenburg und Weimar, stimmt aber selbst ausdrücklich für Altenburg. Für den Fall, daß Arthurs Wahl doch auf Weimar fallen sollte, trifft sie gleich alle Vorkehrungen, um sich ihre „Freiheit und und Ruhe" zu sichern, So bestimmt sie, daß der Sohn auswärts wohnen und nur zum Mittagstisch und zu den Gesellschaftsabenden bei ihr sein sollte. Daß sie im stillen gehofft hat, Arthur werde nicht nach Weimar kommen, können wir aus dem gereizten und verärgerten Ton des folgenden Briefes

[1]) Vgl. Gw. p. 48f.

entnehmen, mit dem sie dem Sohne auf seine Mitteilung, daß er Weimar vorziehe, antwortet. Da heißt es z. B.: „Von allen Gründen, die dich bestimmten, Weimar zu wählen, sehe ich nur den einen, daß du gern hier sein wolltest. Du bist in Weimar nicht mehr als anderswo bis jetzt zu Hause; ob du es mit der Zeit sein wirst, werden wir sehen, ich lasse dich eben gewähren, wie ich immer getan habe . . ." [1]) (13. XII. 07).

Als Grund für ihre Vorsichtsmaßregeln gibt sie sein ihr unerträgliches Wesen an, das ihr die Ruhe nähme. Dabei spart sie wiederum nicht den Tadel über Arthurs „Mißmut", der ihren „heiteren Humor" verstimme, die „finstern Gesichter", die „wie Orakelsprüche ausgesprochenen bizarren Urteile", das „leidige Disputieren" und das „Lamentieren über die dumme Welt und das menschliche Elend", das ihr „immer eine schlechte Nacht und üble Träume" verursache [2]).

Wie sich in den Jahren 1808 und 1809, in denen Arthur sich in Weimar auf das Studium vorbereitete, die Beziehungen zwischen Mutter und Sohn gestalteten, wissen wir nicht genauer. Doch können wir wohl annehmen, daß es trotz aller Vorsichtsmaßregeln Johannas oft zu Reibereien gekommen sein wird; klagt doch diese in jenem Briefe vom 13. Dezember 1807, daß es „jedesmal heftige Szenen um nichts und wieder nichts" gegeben habe, obwohl Arthur nur „auf Tage" bei ihr gewesen sei [3]).

Nachdem Schopenhauer in Göttingen und Berlin studiert hatte, verließ er im Jahre 1813 die preußische Hauptstadt, die nach der Schlacht bei Großgörschen gefährdet erschien, und ging über Dresden, wo er sich, gleichfalls der drohenden Kriegsgefahr wegen, nur kurze Zeit aufhielt, nach Weimar. Aber auch hier war seines Bleibens nicht lange. Denn im Hause der Mutter „mißfielen" ihm, wie es in dem mehrfach zitierten Curriculum vitae heißt, „gewisse häusliche Verhältnisse so heftig", daß er in Rudolstadt eine Zuflucht suchte. Es war Johannas Verhältnis zu Gerstenbergk, der seit 1813 im gleichen Hause mit ihr wohnte, woran der Sohn Anstoß genommen hatte. Johanna scheint daraufhin alles getan zu haben, um Arthur zur Rückkehr nach Weimar zu bestimmen. Ja, als er endlich im Winter 1813 zurückkehrte, hat sie ihn, wie sie in einem späteren

---

1) Gw. p. 51.
2) Gw. p. 52.
3) Gw. p. 52.

Briefe sagt, „mit Tränen“ gebeten, bei ihr zu wohnen, damit er keine „falsche Idee“ von ihrer Lebensweise mit sich nähme[1]).

Arthur ging darauf ein, und die Mutter kam ihm soweit entgegen, daß sie auch noch seinen „israelitischen Freund“ Gans bei sich aufnahm. Sollte das alles der Wiederannäherung dienen, so wurde vielmehr der völlige Bruch dadurch nur beschleunigt. Der erwähnte Brief nimmt Bezug auf heftige Zusammenstöße zwischen Arthur Schopenhauer und Gerstenbergk. Johanna sucht zu vermitteln, lehnt aber mit Bestimmtheit Arthurs Forderung ab, die Beziehungen zu Gerstenbergk zu lösen. Auf seine Zweifel an ihrer mütterlichen Liebe gibt sie ihm zur Antwort: „Sei mild, gut, teilnehmend gegen mich und Adelen, sitze nicht immer auf dem Richterstuhl uns gegenüber, und du wirst sehen, ob wir dich lieben“ [2]). Im Gefolge dieses Briefes hat Arthur mit der Mutter eine Auseinandersetzung gehabt, in deren Verlauf er offenbar unverblümt ausgesprochen hat, daß er in Gerstenbergk Johannas Geliebten erblicke. In einem undatierten, aber jener Zeit angehörigen Briefe schreibt nämlich Adele an ihre Freundin Ottilie v. Pogwisch: „Mein Bruder hat sich schändlich gegen die Mutter benommen, für jetzt will sie ihn nicht sehen. Behüte Gott deine reine Seele für Eindrücken, wie der gestrige Tag sie in mir zurückläßt“ [3]). Am Schlusse des Briefes schreibt Adele, daß sie ihren „Bruder verloren“ habe. Jener Konflikt ist es wahrscheinlich gewesen, der den „Scheidebrief“ der Mutter an den Sohn zur Folge gehabt hat, dessen Inhalt bisher leider nicht bekannt geworden ist. Gwinner teilt nur die Aufschriften mit, mit denen Arthur Schopenhauer das Schreiben versehen hat: „Turpe putant parere minoribus. — Veritatem laborare saepe aiunt, extingui nunquam“ [4]).

Nach dem Bruch mit der Mutter — es war im Frühjahr 1814 — ging Schopenhauer nach Dresden, wo er bekanntlich in den folgenden Jahren sein Hauptwerk verfaßte. Johanna Schopenhauer hatte jeden Verkehr mit ihm abgebrochen und ihrer Tochter verboten, mit dem Bruder zu korrespondieren. Adele blieb jedoch, wie wir aus ihren Tagebüchern und den Briefen an und von Ottilie v. Pogwisch wissen, mit dem Bruder heimlich in brieflicher Verbindung, wobei Ottilie die Sendungen vermittelte.

---

[1]) April 1814. — Gw. p. 95.
[2]) Gw. p. 96.
[3]) S. d. G. 27, p. 71.
[4]) Gw. p. 99 f.

Als im Jahre 1819 Johanna und Adele Schopenhauer durch den Bankerott des Bankhauses Muhl in Danzig den größten Teil ihres Vermögens verloren, erbot sich Arthur, der nur einen kleineren Teil seines Geldes in jenem Unternehmen angelegt hatte, das ihm Verbliebene mit Mutter und Schwester zu teilen. In seinem Briefe an die Mutter fand sich die Wendung: „obgleich Sie das Andenken des Ehrenmannes, meines Vaters, weder in seinem Sohn, noch in seiner Tochter geehrt haben." Über die Szene, die bei der Ankunft des Briefes sich abspielte, sind wir durch eine Tagebuchaufzeichnung und einen Brief der Adele Schopenhauer an Ottilie unterrichtet[1]). Johannas ganzer Haß gegen Vater und Sohn brach mit elementarer Gewalt hervor, so daß Adele in Angst und Zwiespalt sich am liebsten zum Fenster hinausgestürzt hätte. Im Briefe heißt es: „Sie sprach vom Vater auf eine Weise, die mir das Herz fast brach, äußerte sich schrecklich gegen Arthur . . ."

Auf jenen Brief hin wurde die Hilfe Arthurs zurückgewiesen. Die folgenden zwölf Jahre bringen äußerlich keine Veränderung des Verhältnisses zwischen Mutter und Sohn. Stellen aus Briefen zeigen Schopenhauer ängstlich bemüht, ein „rencontre imprévu" mit den „Damen seiner Familie" zu vermeiden[2]).

Der Haß der Mutter gegen den Sohn scheint sich im Alter gleich dem Haß gegen den Vater gelegt zu haben. Johanna hat in den letzten Jahren ihres Lebens wieder Briefe an Arthur gerichtet, die herzliche Teilnahme und Besorgnis verraten[3]).

Schopenhauers Antworten kennen wir nicht. Jedenfalls ist bei ihm von einem Gesinnungswandel nicht die Rede gewesen, auch nicht, als die Mutter längst begraben und Arthur Schopenhauer selbst ein Greis war. Über eine Probe der Gesinnung des Sohnes gegen die Mutter äußert sich Volkelt in seinem Werk über Schopenhauer: „Es hat mich stets eigentümlich berührt, daß er, als ihm lange nach dem Tode seiner Mutter durch Frauenstaedt das überaus geringschätzige Urteil bekannt wurde, das Anselm Feuerbach über Johanna Schopenhauer in seinem Tagebuch niedergelegt hatte, nichts anderes zu erwidern fand als die Worte: ‚Die Charakteristik ist nur gar zu treffend. Habe, Gott verzeih' mir's, lachen müssen'.

---

[1]) Vgl. Tgb. II, 32 u. S. d. G. 27, p. 352 ff.
[2]) An Osann 20. April 1820 u. 21. Mai 1824. Schem. p. 127, 140 f.
[3]) Vgl. Gw. p. 241.

(Grisebach, Schopenhauers Briefe, S. 202.) Trotz des einstigen Zerwürfnisses mit seiner Mutter hätte man hier doch irgendein Wort erwartet, aus dem, wenn auch nicht Liebe, so doch Milde und Versöhnlichkeit geklungen hätte [1]." Die Aufzeichnungen des Kriminalisten Feuerbach, der 1815 in Karlsbad mit Johanna zusammengetroffen war, lauten: „Hofrätin Schopenhauer, eine reiche Witwe. Macht von der Gelehrsamkeit Profession. Schwatzt viel und gut, verständig; ohne Gemüt und Seele. Selbstgefällig, nach Beifall haschend und stets sich selbst belächelnd. Behüte uns Gott vor Weibern, deren Geist zu lauterm Verstande aufgeschoßt ist. Der Sitz schöner weiblicher Bildung ist allein in des Weibes Herzen" [2].

Kein Zweifel, in die Seele Schopenhauers hatte sich ein Haß gegen die Mutter eingefressen, der um so heftiger und unversöhnlicher war, je tiefer die Liebe des Sohnes einst gewesen. Aber gerade an dem Anhalten und der Intensität des Hasses ist zu erkennen, daß die gegenteilige Empfindung, wenn auch überdeckt und verschüttet, doch noch lebte. Mit der Liebe wäre auch der Haß gestorben. Wie tief Schopenhauer durch das Zerwürfnis mit seiner Mutter erschüttert worden war, erhellt aus einem Brief seines Freundes v. Quandt, der vergeblich zu vermitteln suchte, an Adele Schopenhauer, wo es heißt: „Ich glaubte, tief in seinem Herzen die Zuckungen eines ungeheuren Schmerzes gewahr zu werden, welcher die Erinnerung an eine furchtbare Epoche seines Lebens zu begleiten schien" [3].

Es erhebt sich nun die Kardinalfrage, welche Gründe die Entfremdung Schopenhauers von seiner Mutter bis zum unheilbaren Bruch herbeiführen konnten. Die Frage hat die Schopenhauerforschung schon längst beschäftigt, und sie ist schon als rein menschliches Problem genommen von Interesse. Die Behandlung freilich, die das Problem bisher erfahren hat, läßt meistens die nötige Sachlichkeit vermissen, da man es zu einer Frage der moralischen Schuld gemacht hat und sittliche Werturteile in dem einen oder anderen Sinn fällte, anstatt sich auf die Feststellung psychologischer Tatsachen zu beschränken. Der Hauptrufer im Streite für Schopenhauer ist Grisebach, der an Johanna kein gutes Haar läßt und das Zerwürfnis einzig auf ihre Lieblosigkeit, ihre Verschwendungssucht und ihren angeb-

---

[1]) a. a. O., p. 37.
[2]) Vgl. Gr. p. 100 f.
[3]) 26. Oktober 1818. Schem. p. 492.

lich unmoralischen Lebenswandel zurückführen will[1]). Die Gegenpartei wird vor allem vertreten durch Düntzer, der in Schopenhauers anmaßlicher und abstoßender Haltung den Grund der Entfremdung erblicken will[2]). (Ähnlich äußert sich auch Kuno Fischer)[3]).

Zweifellos ist bei Johanna Schopenhauer ein Mangel an opferbereiter Mutterliebe zu erkennen, der nach dem Tode des Gatten klarer und klarer hervortritt. Mehr und mehr erkaltet ihre Liebe für Arthur, je deutlicher sich dieser durch Neigung und Charakter als Sohn Heinrich Floris Schopenhauers bekennt. Sicherlich hat Arthur Schopenhauer recht, wenn er den Mangel an Mutterliebe wesentlich auf den Mangel an Gattenliebe zurückführt. Den Haß der Mutter hat sich der Sohn erst dadurch erworben, daß er die Reinheit ihres Lebenswandels anzweifelte.

Der Wandel in Arthurs Gesinnung gegenüber der Mutter könnte jetzt auf den ersten Blick schon erklärt scheinen. Man könnte meinen, der Sohn habe jahrelang um die Liebe der Mutter gekämpft, dabei als „moralischer Stellvertreter" des Vaters über die Familienehre gewacht und habe endlich infolge fortwährender Enttäuschungen durch die Mutter verbittert und entrüstet den Bruch herbeigeführt. Dies entspräche ungefähr der Ansicht, die Schopenhauer selbst, nach seinen Äußerungen zu schließen, von der Sache hatte. Aber man würde ein recht flaches und einseitiges Bild erhalten, wollte man sich mit einer solchen Deutung begnügen.

Um die Entwicklung des Verhältnisses zwischen Arthur Schopenhauer und seiner Mutter ganz zu verstehen, muß man auf das Ereignis zurückgreifen, dessen traumatische Wirkung auf die Seele des Jünglings wir kennengelernt haben, auf den Selbstmord des Vaters. Das Schuldgefühl trieb den Sohn dazu, seine Gesinnung dem Vater gegenüber von Grund aus zu ändern. Gleichzeitig flüchtet er sich, um seine Seelenlast loszuwerden, in das absichtliche Vergessen, in die Verdrängung. Er will gar nichts mehr davon wissen, daß er den Vater einst gehaßt hatte; er unterdrückt jede Erinnerung daran und überdeckt und übertönt sie mit einer aller Welt kundgetanen emphatischen Verehrung.

---

[1]) Vgl. Gr., Gr. N. B.

[2]) D., „Im neuen Reich", I. Jahrg., 1. Bd. 1871, p. 587 ff.

[3]) K. F., „Schopenhauer".

Bei der Stellung, die die Eltern zueinander eingenommen hatten, konnte die veränderte Beurteilung des Vaters durch den Sohn unmöglich ohne Einfluß auf dessen Urteil über die Mutter bleiben. Das Bild des einst gehaßten Vaters stand jetzt in fast überirdischem Glanze vor den Augen des Sohnes. Wie konnte sich das mit dessen Liebe zur Mutter vertragen, zu der Mutter, die nach wie vor aus ihrer Abneigung gegen Heinrich Floris Schopenhauer kein Hehl machte? Mußte Arthur nicht jetzt diese Liebe geradezu als Schuld empfinden, wie er den Haß gegen den Vater als Schuld empfand?

Gewiß hat Arthur Schopenhauer, nachdem er den Vater mit anderen Augen ansah, auch seine Mutter mit anderen Augen betrachtet. Auf sie fällt jetzt sein Blick mit einer bis dahin nicht geübten kritischen Schärfe. Von der Mutter wußte er und bekam er immer wieder zu hören, daß sie den Vater nicht geliebt habe. War sie nicht seine Genossin in der Schuld? Ja, das eigene Schuldgefühl wird überdeckt durch die immer mehr sich verdichtende Vorstellung, daß die Mutter die eigentlich Schuldige am Schicksal des Vaters sei und daß seine einseitige Liebe zu ihr ihn dem Vater gegenüber in Schuld verstrickt habe. Will er seiner Schuld ledig werden, so muß er sich von der Mutter „differenzieren", muß seine Liebe zu ihr bekämpfen und unterdrücken. Der „Differenzierung" von der Mutter steht die „Identifizierung" mit dem Vater gegenüber. Arthur Schopenhauer fühlt sich als dessen „moralischer Stellvertreter" und wacht über alle Lebensverhältnisse der Mutter wie ein eifersüchtiger und mißtrauischer Gatte.

Er steht jetzt in gewissem Sinne am Ziel seiner infantilen Wünsche nach der Herrscherstellung des Vaters und dem Alleinbesitz der Mutter. Aber diese Wünsche waren strafwürdig gewesen, da für ihre Erfüllung der Tod des Vaters die Voraussetzung abgegeben hatte. Daher hat die Identifizierung mit dem Vater noch eine düstere Seite.

Den Vater, in dessen Spuren der Sohn tritt, hatte sein Pfad ins Verderben geführt. Nun lebt aber in der Seele Arthurs in der Verdrängung das Schuldgefühl und mit ihm die angstvolle Erwartung der Strafe weiter. Das Gesetz, nach dem die Bestrafung für geheime Gedanken und Wünsche erwartet wird, ist in erster Linie das der „Talion". Welche Rolle es im Seelenleben des Neurotikers spielt, hat W. Stekel in seinem Werk über „Störungen des Trieb- und Affektlebens" mehrfach dargetan. Die Anwendung dieses Gesetzes liegt sehr nahe, da die Wiedervergeltung durch Gleiches einer fast instinktmäßigen und allgemein-menschlichen Auffassung über das Verhältnis von Schuld und Sühne entspricht. Arthur Schopenhauers infantile Wünsche waren in Erfüllung gegangen. Dafür hatte sich seiner Seele ein schweres Schuldgefühl bemächtigt. Da erscheint die neurotische Angst begründet, daß er, der gleichsam die Stelle des Vaters einnahm, nun auch dessen Schicksal teilen müsse, an dem er sich wegen seines Hasses und seiner Todeswünsche schuldig fühlte. Es hatte sich gezeigt, daß bei Schopenhauer mit dem Schuldgefühl Kräfte in Wirksamkeit traten, die die Strafe abwenden sollten. Sühneversuche Arthurs hatten wir vor allem in seinem emphatischen Vaterkult und in seinem freiwilligen Verbleiben bei der kaufmännischen Tätigkeit erblickt. In der veränderten Stellungnahme Schopenhauers zu seiner Mutter ist nun ein weiterer Versuch zu erblicken, der Strafe, also dem Schicksal des Vaters, zu entgehen.

Der erste Schritt ist, daß er den Haß der Mutter gegen den Vater nicht mehr teilt, sondern ihn vielmehr verwerflich findet. Die damit gegebene kritische Einstellung läßt ihn dazu gelangen, einen großen Teil der Schuld auf die Mutter abzuwälzen. Er beginnt jetzt in ihr die Frau zu sehen, die dem Vater seine Liebe mit Abneigung und Haß vergolten, durch übertriebene Ansprüche dessen Vermögen geschwächt und ihn durch all das schließlich in den Tod getrieben habe. Zu Robert v. Hornstein hat Schopenhauer später unumwunden ausgesprochen, daß seine Mutter an dem „finanziellen Herabkommen" seiner Familie und an dem Selbstmord seines Vaters schuld gewesen sei[1]). Auf Grund dieser veränderten Beurteilung der Mutter erscheint dem Sohne seine Liebe zu ihr als schuldbeladen und als mögliche Quelle der Strafe. Denn trotz aller Versuche, die eigene Schuld abzuwälzen und jeden Gedanken daran zu verdrängen, ist Schopenhauer doch innerlich nicht freigesprochen. Wenn er bewußt der Mutter die Schuld gibt, ja diese ins Riesenhafte vergrößert, so tut er das natürlich im festen Glauben an die Berechtigung seiner Anklagen, ohne sich Rechenschaft darüber zu geben, daß er mit allem, was er zur Belastung der Mutter beiträgt, seine eigene Schuld verringern will. Bewußt sieht Schopenhauer ausschließlich in seiner Mutter das Schicksal, die Verderberin seines Vaters. Unterbewußt aber leben Schuld und Angst weiter, droht die furchtbare Talion. Fürchtet

[1]) Gr. G. p. 81.

der Sohn das Schicksal des Vaters, so muß er die Mutter fürchten als die Parze, die jenes Schicksal gesponnen. Sie gilt zugleich als Quelle der Schuld und als Werkzeug der Strafe.

So wird in Schopenhauer die Tendenz mächtig, sich von der Mutter loszumachen. Aber das ist nicht so leicht. Jahrelang dauert der Kampf zwischen der tief eingewurzelten Liebe zur Mutter und der Forderung der neurotischen Angst, bis endlich diese siegt, und die Liebe in Haß verkehrt erscheint. Damit tritt zu dem ersten Kindschaftskonflikt ein zweiter, der den ersten nicht löst und selber auch keine Lösung finden kann. Es ist anzunehmen, daß das kühle und reservierte Verhalten der Johanna Schopenhauer, die für die seelischen Nöte ihres Sohnes kein Verständnis hatte und auch kaum haben konnte, die Entfremdung gefördert hat. Bedeutsamer aber ist, daß die Liebe des Sohnes schon einen Riß erhalten hatte, als jener beim Tode des Vaters unter dem Drucke der Schuld seelisch zusammenbrach.

Seitdem sind in Arthur Schopenhauer Kräfte am Werke, die jenen Riß zu erweitern bestrebt sind, Kräfte, die der neurotischen Abwehr dienen. Das Verhalten Arthurs gegenüber seiner Mutter, von dem wir uns aus den Briefen eine Vorstellung machen können, verrät die unterbewußte Tendenz des Losstrebens. So quält ein Liebhaber, in dessen Seele die Liebe schon mit überlegenen Gegenströmungen ringt, seine Geliebte mit Gewissensfragen, Vorwürfen und Eifersüchteleien. Wer an dem Gegenstand seiner Liebe fortwährend Fehler entdeckt und ihn als vertrauensunwürdig hinstellt, der will ihn entwerten. Und die Entwertung ist das gesuchte Heilmittel gegen die Liebe. So ist Schopenhauers eifersüchtiges Mißtrauen von dem uneingestandenen Wunsche getragen, es möchte berechtigt sein, die Mutter möchte sich seiner Liebe unwürdig erweisen, damit er von den Fesseln und Gefahren dieser Liebe frei werde; und er empfindet es mit Genugtuung als einen Sieg, wenn er ihr gegenüber „auf dem Richterstuhl sitzt“ [1]). Er entwertet sie fortwährend durch Mißtrauen und Vorwürfe, um nicht ihrem Einfluß zu erliegen. Und doch treibt ihn die Liebe immer wieder in ihre Nähe. Attraktion und Repulsion wechseln. Aber die losstrebenden Kräfte gewinnen in Arthur immer mehr an Stärke und triumphieren in dem Augenblick, wo Schopenhauer den Beweis der Un-

[1]) Gw. p. 96.

würdigkeit seiner Mutter in der Hand zu haben glaubt. Dabei läßt der Umstand Arthur vor sich selbst schuldlos an dem Bruch erscheinen, daß dieser endgültig ja durch den Scheidebrief der Mutter herbeigeführt wurde.

Die Frage, ob Johanna Schopenhauer mit Gerstenbergk tatsächlich in einem im Sinne der bürgerlichen Moral unsittlichen Verhältnis gelebt habe, wird wohl nie unwiderleglich zu beantworten sein und ist auch von sekundärer Bedeutung. Die aus diesem Verhältnis resultierende Trennung von Mutter und Sohn ist nur der Abschluß einer jahrelangen Entwicklung.

Das Verhalten der übrigens über 47 Jahre alten Johanna Schopenhauer, die den Sohn unter Tränen bittet, bei ihr zu wohnen, damit er sie nicht falsch beurteile, und endlich ihre offenbar ehrliche Empörung über die Anklage lassen wohl die Annahme berechtigt erscheinen, daß Schopenhauer, wie so oft, auch hier zu schwarz gesehen habe. Es ist wahrscheinlich, daß die ihm innewohnende Entwertungstendenz ihn dazu gebracht hat, die Beziehungen Johannas zu Gerstenbergk in einem krassen und falschen Lichte zu sehen.

Jedenfalls ist jetzt für Schopenhauer das Charakterbild seiner Mutter fertig, das in all seiner Verzerrung von jenem bis an sein Lebensende festgehalten wird, während das Bild des Vaters in göttlicher Verklärung vor seiner Seele steht. Wie den Haß gegen den Vater, so hat Schopenhauer die Liebe zur Mutter verdrängt. Der Haß gegen den Vater erscheint überdeckt mit Verehrung und Liebe, die Liebe zur Mutter verschüttet durch Haß. Aber dieser Haß ist übertrieben, wie jene posthume Verehrung übertrieben ist. Man sieht es beiden Empfindungen an, daß sie im Kampfe mit ihren Extremen obenauf gelangt sind. So kann man in bezug auf Arthurs Verhältnis zu seiner Mutter sagen: „Noch in der Temperatur der Abneigung bleibt etwas von unauslöschlicher Liebeswärme erhalten“ [1]).

Die Tendenz: „Los von der Mutter“ entsprang daraus, daß Schopenhauer in dieser den bösen Dämon seines Vaters und seinen eigenen erblicken zu müssen glaubte. Die Mutter aber ist für jeden Menschen die erste und eindrucksvollste Vertreterin des weiblichen Geschlechts, das Weib *κατ᾽ ἐξοχήν*. So erweitert sich in Schopenhauer die Tendenz: „Los von der Mutter“ zu der Tendenz: „Los vom Weibe“.

---

[1]) Spranger, Ps. d. J. p. 152.

III. Kapitel.

Arthur Schopenhauers Stellung zum Weibe.

Man macht Arthur Schopenhauer gern zum Vorwurf, daß er in ſeinen Äußerungen über das Weib miſogyn, in ſeinem Sexualleben aber eher philogyn geweſen ſei. Da liegt dann der Schluß nahe, es ſei ihm mit dem Weiberhaß gar nicht ſo ernſt geweſen, und dieſer ſei nicht viel mehr als eine geiſtreiche Poſe. Es iſt bekannt, daß man den ganzen Peſſimismus Schopenhauers mit ſeiner asketiſchen Tendenz als bloßes Spiel des Geiſtes hat hinſtellen wollen. Nur eine recht primitive Pſychologie kann auf Grund von Widerſprüchen (oder ſcheinbaren) zwiſchen Leben und Lehre ohne weiteres die Lehre als Produkt der Oberfläche, als rationale Tüftelei anſehen wollen.

Was Schopenhauers Stellung zum Weibe betrifft, ſo ſind ſolche Widerſprüche tatſächlich nur ſcheinbar vorhanden, wie ein Blick auf das Geſchlechtsleben Arthur Schopenhauers lehren wird.

Wir ſehen in ihm einen Mann von äußerſt ſtarkem Sexualtrieb vor uns. Der Achtzehnjährige klagt in einem Gedicht: „O Wolluſt, o Hölle, o Sinne, o Liebe, nicht zu befried'gen und nicht zu beſiegen", und der Greis preiſt ſich glücklich, daß er dem quälenden Triebe entronnen ſei. In den philoſophiſchen Werken finden wir die Allgewalt des Geſchlechtstriebes häufig geſchildert. Da heißt es etwa: „Dies alles aber ſtimmt damit überein, daß der Geſchlechtstrieb der Kern des Willens zum Leben, mithin die Konzentration alles Wollens iſt; daher ich eben im Texte die Genitalien den Brennpunkt des Willens genannt habe. Ja man kann ſagen, der Menſch ſei konkreter Geſchlechtstrieb, da ſeine Entſtehung ein Kopulationsakt und der Wunſch ſeiner Wünſche ein Kopulationsakt iſt, und dieſer Trieb allein ſeine ganze Erſcheinung perpetuiert und zuſammenhält" [1]).

[1]) III/IV. p. 531.

Es ist gar nicht daran zu zweifeln, daß Schopenhauer seinen Geschlechtstrieb heterosexuell betätigt hat. Grisebach schreibt in bezug auf die Hamburger Jahre 1806/07: „Daß ihm dabei (scil. beim Erwachen der Sinnlichkeit) als sein Mephistopheles der Jugendfreund Anthime Grégoire zur Seite gestanden, der im Herbst 1806 nach Allerhöhe bei Hamburg bei einem Geistlichen, um Deutsch zu lernen, in Pension gegeben war", ersehen wir aus den erhaltenen, im Besitz H. Düntzers befindlichen Briefen Anthimes an Schopenhauer [1]). Wenn Düntzer auf Grund dieser Briefe (in der Zeitschrift „Im neuen Reich" I, 587 ff., 1871) sagte: Schopenhauer sei „auf Liebschaften in einer Weise ausgegangen, welche zeigt, daß der Glaube an weibliche Tugend in ihm wankend genug war und sein Gewissen vor einer Verführung nicht zurückschreckte", so hat er in der späteren Bearbeitung dieses Aufsatzes diese Stelle weggelassen, also wohl zurückgenommen (??), und dafür gesetzt: „Mit Anthime führte Schopenhauer ein lockeres Leben, gab sich auch dem sinnlichen Genusse hin" [2]).

Schemann bemerkt auf Grund jener Briefe: „So nützlich der vertraute Umgang mit diesem Jugendfreunde für die weltmännische Entwicklung Schopenhauers ohne Zweifel gewesen ist, so wenig war er es für seinen im bürgerlichen Sinne moralischen Lebenswandel" [3]).

Aus den folgenden Jahren ist bekannt, daß Schopenhauer in Dresden und Berlin Liebesverhältnisse unterhalten hat. Es ist möglich, daß irgendwo noch illegitime Nachkommen von ihm leben. Das Vorhandensein einer Tochter wird von Adele ausdrücklich bezeugt. Da die Tatsache wenig bekannt sein dürfte, sei die Stelle, die sich in einem Brief an Ottilie v. Goethe findet, hier angeführt: „Ich könnte mit meines Bruders Töchterchen noch immer in Deiner Nähe leben . . ." Ebenda heißt es: „Ich habe wirklich einen Brief mit 5 Siegeln, ‚Nach meines Bruders Tode zu öffnen', der seinen Willen enthält; nun begreifst Du, mein Bruder hat wahrscheinlich mehr als ein Kind!!" [4]).

Frauenstaedt berichtet von Schopenhauer: „Er war im Punkte der Geschlechtsliebe kein Heiliger und hat es mir selbst gestanden, daß er arg nach den Weibern gewesen, daß er in Italien nicht bloß d a s Schöne, sondern auch d i e Schönen ge-

---

[1]) Waren d. Verf. nicht zugänglich.
[2]) Gr. p. 41.
[3]) Schem. p. 463.
[4]) Hs. dat. Godesberg, 6. Juni 1836.

nossen habe usw."[1]). Es ist ferner daran zu erinnern, daß H. Blüher Schopenhauer als „regelmäßigen Bordellbesucher"[2]) bezeichnet (wohl auf die Frankfurter Zeit bezüglich?), freilich ohne Nachweise beizubringen.

Die heterosexuelle Betätigung des Geschlechtstriebes bei Schopenhauer steht also fest. Aber in welchem Sinne spricht er sich über den Geschlechtsverkehr aus? Da heißt es z. B. in der „Metaphysik der Geschlechtsliebe": „Dem dargelegten Charakter der Sache gemäß wird, nach dem endlich erlangten Genuß, jeder Verliebte eine wundersame Enttäuschung erfahren und darüber erstaunen, daß das so sehnsuchtsvoll Begehrte nichts mehr leistet, als jede andere Geschlechtsbefriedigung, so daß er sich nicht sehr dadurch gefördert sieht." Ebenda: „Die Liebe des Mannes sinkt merklich, von dem Augenblick an, wo sie Befriedigung erhalten hat: fast jedes andere Weib reizt ihn mehr als das, welches er schon besitzt: er sehnt sich nach Abwechselung"[3]). In den „Parerga" findet sich eine gleichgerichtete Äußerung: „Hat man nicht bemerkt, wie illico post coitum cachinnus auditur diaboli? welches ernstlich gesprochen, darauf beruht, daß die Geschlechtsbegierde, zumal wenn durch Fixieren auf ein bestimmtes Weib zur Verliebtheit konzentriert, die Quintessenz der ganzen Prellerei dieser nobeln Welt ist; da sie so unaussprechlich, unendlich und überschwenglich viel verspricht und dann so erbärmlich wenig hält"[4]).

Daß der Philosoph zu solchen Ansichten und Empfindungen auf Grund seiner allerpersönlichsten Erfahrungen gelangt ist, kann gar nicht bezweifelt werden. Der leidenschaftliche Ton, der besonders in der zuletzt angeführten Stelle auffällt, zeigt den individuellen und empirischen Ursprung deutlich genug an.

Wenn Schopenhauer geglaubt hat, mit seinen Äußerungen über die Geschlechtsliebe eine allgemeingültige Charakteristik der Sache zu geben, so war er im Irrtum. Er hat zunächst nichts als seine subjektiven Empfindungen zum Ausdruck gebracht. Diese Empfindungen entsprechen aber nicht dem sogenannten „Normalen", sondern sind pathologisch gefärbt. Man halte sich doch gegenwärtig, daß eine Geschlechtsbefriedigung ebensoviel oder ebensowenig leisten sollte, wie jede andere, daß „fast jedes andere Weib" den Mann mehr reize als das, welches

---

[1]) Gr. G. p. 23.
[2]) I, 139, R. d. E.
[3]) III/IV, 558 f., 560.
[4]) VII/VIII, 289.

er ſchon beſitzt. Der große Chorus, der vielleicht dieſe Anſichten Schopenhauers beſtätigen wird, würde natürlich nicht zum Beweis dienen können, daß ſie „normal" ſeien.

Faſſen wir kurz zuſammen: Schopenhauer ſucht ſeinen überaus ſtarken Geſchlechtstrieb heteroſexuell auszuleben, wobei ihn jedoch der Geſchlechtsakt enttäuſcht und zum Wechſel des Liebesobjekts veranlaßt; er iſt „arg nach den Weibern". Somit können wir ihn ohne gewaltſame Konſtruktionen unter einem Typus begreifen, den W. Stekel ausgezeichnet charakteriſiert, unter dem des „Don Juan". Nach Stekel[1]) iſt der „Don Juan" der ewige Liebeſucher, der ſein Sexualziel beim Weibe nicht finden kann, ſo daß er mit nie befriedigtem Triebe von einer Enttäuſchung zur anderen gelangen muß. Das Weib iſt ihm nur Jagdbeute, im übrigen wird es von ihm gehaßt oder verachtet. Schopenhauer hat jene ſexuelle Enttäuſchung für allgemein-menſchlich gehalten, ſie aus einer Fraus naturae herleiten wollen. In Wahrheit lagen die Urſachen in ſeinem eigenſten Innenleben verborgen. Er war es ſelbſt, der ſich den Weg zur heteroſexuellen Liebe verbaute. Dies tat er durch die Entwertung des Weibes in jeder denkbaren Beziehung. So erklärt er die „gens inferior atque deterior" für moraliſch minderwertig, oder er ſpricht ihr jedes objektive Intereſſe für Kunſt und Wiſſenſchaft ab. Die körperliche Erſcheinung des Weibes unterzieht er einer geradezu gehäſſigen Kritik, wie genugſam bekannt iſt. Wir führen jedoch dazu eine beſonders draſtiſche Stelle aus einem Brief an Frauenſtaedt an, die ſich auf eine Äußerung in deſſen Schrift „Äſthetiſche Fragen" bezieht. „p. 50: ein vollkommenes Weib iſt ſchöner als ein vollkommener Mann — quae, qualis, quanta! Hier haben Sie ein höchſt naives Bekenntnis Ihres — Geſchlechtstriebes abgelegt: aber alle wahren Schönheitskenner werden dabei lächeln und die boshaften lachen. Sogar ſtrenge beweiſen läßt ſich das Gegenteil, aus dem Bau des Mannes und des Weibes. Es ſteht hierin mit dem Menſchengeſchlecht nicht anders als mit allen Tiergeſchlechtern, mit dem Löwen, dem Hirſch, dem Pfau, dem Faſan uſw. Der Sexus sequior iſt sequior in jedem Betracht. Warten Sie, daß Sie in meinem Alter ſein werden, wie Ihnen dann dieſe kurzbeinigen, langleibigen, ſchmalſchulterigen, breithüftigen mit Zitzen exornierten Perſönchen vorkommen werden: auch ihre Geſichter ſind nichts,

[1]) Vgl. O. u. H. 189 ff.

gegen die der schönsten Jünglinge, zumal die Augen, ohne Energie" [1]).

Wer glaubt, daß Schopenhauer aus objektiven, ästhetischen Erwägungen heraus und durch Analogien zum Tierreich zu diesem Standpunkt gelangt sei? Vielmehr sind solche Versuche einer wissenschaftlichen Begründung nur Rationalisierungen subjektiver Empfindungen.

Betrachten wir das Verhältnis zwischen Entwertung der Frau und sexueller Enttäuschung, so stellt sich der Kausalnexus folgendermaßen dar: Schopenhauer entwertete nicht etwa das Weib, weil es ihn sexuell nicht befriedigen konnte, sondern es konnte ihn nicht befriedigen, weil er es entwertete. Die Entwertung setzt aber, besonders wenn sie so stark wie hier in die Erscheinung tritt, die Verdrängung einer gegenteiligen Beurteilung voraus; sie ist eine Abwehrreaktion, eine Schutzmaßnahme der Individualität. Als solche hatten wir sie schon im Verhältnis des Sohnes zur Mutter auftreten sehen. Was dort über das Motiv der Abwehreinstellung gesagt wurde, gilt für die gleiche Einstellung Schopenhauers zum ganzen weiblichen Geschlecht. Das Motiv ist die Angst, dem Weibe zu unterliegen, das als Verderberin des Mannes betrachtet wird. Gehen wir auf die Wurzeln jener Angst bei Schopenhauer zurück, so ist klar, daß dieser in erster Linie die Ehe fürchten mußte. Der Zweck der Entwertung ist bei ihm erreicht worden. Er hat sich nicht unter das Ehejoch gebeugt, aber er hat dafür auch die Liebe nicht kennengelernt. Hören wir ihn selbst über seine Stellung zur Ehe. Frauenstaedt berichtet: „Ich fragte Schopenhauer einst, ob er nie ans Heiraten gedacht. Er erwiderte, es sei ihm wohl einige Male in seinem Leben nahegelegt worden, zu heiraten, es sei aber immer nichts daraus geworden, und er rechnete sich dieses zum Glücke an; denn im Joche der Ehe hätte er wohl schwerlich seine Werke schaffen können" [2]). Über einen Fall jener Art sind wir durch einen Brief der Adele Schopenhauer vom Jahre 1819 unterrichtet. Es heißt da: „Wo magst Du sein? In Mailand oder Bologna oder gar im geliebten Venedig? Deine Geschichte daselbst fängt an, mich zu interessieren, möge sie glücklich enden — die Geliebte ist reich, sie ist von Stande gar, und doch meinst Du, sie werde Dir folgen wollen?

---

[1]) Gr. Br. dat. 17. Februar 1853.
[2]) Gr. G. p. 23.

Wunderlich, dazu gehörte Liebe! Hättest Du sie wirklich gefunden, dann tätest Du gar wohl, sie zu erhalten. Am Ende sitzest Du auch wohl bereits in Venedig? Und ökonomisch willst Du sein und verliebt dabei? Und triste raison! ausrufen und von zerstörten Träumen reden? Es gibt doch Träume, die lange dauern, darum schreie ich mich nicht selbst wach, ich versuche sie zu halten. Und am Ende bist Du auch in Venedig? Ach, ich mache dumme Späße, und doch tuts mir innerlich recht weh, daß in Deinem einen Brief zwei Liebesgeschichten sind ohne Liebe und alles dies doch nicht ist, was ich Dir gewünscht hätte" [1]). (Offenbar hatte Schopenhauer noch von einem anderen Liebesverhältnis berichtet). Wir gehen wohl nicht fehl, wenn wir annehmen, daß Schopenhauer es in diesem Falle und überhaupt bewußt oder unterbewußt darauf angelegt hat, daß „nichts daraus wurde". Der weibliche Scharfblick der Schwester erkennt ganz richtig, daß es sich um „Liebesgeschichten ohne Liebe" handelt.

Die Angst vor dem Weibe, vor der Beeinträchtigung der eigenen Individualität spricht deutlich aus Schopenhauers Äußerung: „das gewöhnliche Ziel der sogenannten Karriere junger Männer sei doch nur, das Lasttier eines Weibes zu werden". Dann erzählt Gwinner: „So war er denn auch überzeugt, es sei nicht möglich, die Weiber in den Schranken der Vernunft zu halten, anders als durch Furcht; in der Ehe aber sei es nötig, sie in Schranken zu halten, weil man sein Bestes mit ihnen zu teilen habe, und so verliere man am Glück der Liebe, was man an Autorität gewinne" [2]).

Die Ehe ist für ihn ein Kampf. „Matrimony war and want", lautet seine Maxime. Und diesen Kampf fürchtet er. Die Gründe, die Schopenhauer gegen den Ehestand anführt, leiten auf die Wurzeln seiner Ehescheu zurück. Er führt eigentlich immer seine Mutter als Beispiel an, die ihm eben als Weib *κατ' ἐξοχήν* gilt. Den Gedanken an eine Ehe zwecks Pflege im Alter gibt er mit der Frage auf, „ob etwa seine Mutter seinen Vater gepflegt habe, da derselbe krank gewesen sei" [3]). Überall finden wir das abschreckende Bild der Mutter. Die Witwe, die das vom Vater für die Kinder Erworbene „mit ihrem Buhlen verpraßt" [4]), wer ist es anders,

[1]) Gw.
[2]) Gw. p. 206 f.
[3]) Gw. p. 204.
[4]) VII/VIII p. 238

als Johanna Schopenhauer, wie ſie der Haß des Sohnes ſah? Kein Zweifel, das Bild der Mutter war es, was ſich zwiſchen Schopenhauer und das weibliche Geſchlecht ſtellte, im Sinne des Wortes von Nietzſche: „Jedermann trägt ein Bild des Weibes von der Mutter her in ſich: davon wird er beſtimmt, die Weiber überhaupt zu verehren oder ſie geringzuſchätzen oder gegen ſie im allgemeinen gleichgültig zu ſein."

Das gleiche Mittel der Entwertung fand bei Schopenhauer gegenüber der Mutter und gegenüber dem Weibe überhaupt Anwendung. Die Triebfeder war in beiden Fällen die Angſt, ſo daß ſich die Entwertung als neurotiſche Abwehrreaktion (Freud) darſtellt. Die völlige Verdrängung der Heteroſexualität iſt Schopenhauer nicht gelungen. Immer wieder hat er gewähnt, im Weibe ſein Sexualziel finden zu können. Daß er es aber da nicht fand und nicht finden konnte, war die Folge der ſtarken, aus der Angſt geborenen Abwehr, in ſeinem Innern, die ihm unerbittlich den Weg zur heteroſexuellen Liebe verſchloß. Tatſächlich war alſo das Weib für Schopenhauer gar nicht Sexualziel, ſondern als ſolches nur infolge einer Selbſttäuſchung vorgeſchoben. Die folgenden Ausführungen ſollen zum Beweiſe dienen, daß Schopenhauers Sexualität ſich auf ein anderes Ziel gelenkt hatte, daß ſein geheimes, uneingeſtandenes Sexualziel der Mann war. Dabei iſt an eine homoſexuelle Betätigung, an manifeſte Homoſexualität gar nicht zu denken. Täuſchte ſich doch Schopenhauer ſelbſt über ſein Sexualziel.

Dem Problem der Homoſexualität hat der Philoſoph lebhaftes Intereſſe zugewendet. Aus einer Unterredung mit ihm berichtet Frauenſtaedt: „Von den Ausartungen des Geſchlechtstriebes ſprechend, verweilte er beſonders bei der Päderaſtie, deren Erklärung ihn damals ſtark zu beſchäftigen ſchien. Er erzählte mir mehrere Fälle von Päderaſtie aus der Gegenwart und fügte hinzu, dieſes Laſter ſei auch unter den Neuern gar nicht ſo ſelten als man glaubt. Er hatte Shakeſpeare im Verdacht, ein Päderaſt geweſen zu ſein, und wollte dies aus ſeinen Sonetten ſchließen" [1]. — Es fällt auf, daß er einen ſolchen Verdacht gegen den von ihm vergötterten Shakeſpeare äußert. Könnte es nicht ſcheinen, als ſuche er eine Autorität, hinter die er ſich mit eigenen dumpf gefühlten Wünſchen ſtellen könnte?

[1]) Gr. G. p. 41.

Andererſeits kann ſich Schopenhauer in der Verurteilung dieſes „Laſters" in der „Metaphyſik der Geſchlechtsliebe"[1]) gar nicht genug tun. Dort heißt es: „An ſich ſelbſt betrachtet nämlich ſtellt die Päderaſtie ſich dar als eine nicht bloß widernatürliche, ſondern auch in höchſtem Grade widerwärtige und Abſcheu erregende Monſtroſität, eine Handlung, auf welche allein eine völlig perverſe, verſchrobene und entartete Menſchennatur irgendeinmal hätte geraten können, und die ſich höchſtens in ganz vereinzelten Fällen wiederholt hätte. Wenden wir nun aber uns an die Erfahrung, ſo finden wir das Gegenteil hiervon: wir ſehen nämlich dieſes Laſter, trotz ſeiner Abſcheulichkeit, zu allen Zeiten und in allen Ländern der Welt, völlig im Schwange und in häufiger Ausübung"[2]). Indem Schopenhauer nach den Gründen der Verbreitung des „Laſters" ſucht, kommt er darauf, die Homoſexualität als einen „Notbehelf", als „Stratagem der Natur" zu betrachten, als beinahe normale Erſcheinung in der Zeit der Halbreife und beſonders des Greiſenalters, wo der Menſch doch nur minderwertige Produkte zeugen könne. Dieſe teleologiſche Anſicht entbehrt gewiß jeder Grundlage. Sie läßt aber den Schluß zu, daß in dem alternden Schopenhauer eine Ahnung ſeiner homoſexuellen Neigung gedämmert habe, die er ſich bislang ſorgfältig verheimlicht hatte. Die folgenden Ausführungen Schopenhauers entſtammen ohne Zweifel perſönlicher Erfahrung und ſtellen das Selbſtbekenntnis eines latent Homoſexuellen dar: „Dieſer Vorſicht der Natur zufolge ſtellt, ungefähr in dem von Ariſtoteles angegebenen Alter[3]), in der Regel eine päderaſtiſche Neigung ſich leiſe und allmählich ein, wird immer deutlicher und entſchiedener, in dem Maße, wie die Fähigkeit, ſtarke und geſunde Kinder zu zeugen, abnimmt. So veranſtaltet es die Natur. Wohl zu merken jedoch, daß von dieſem eintretenden Hang bis zum Laſter ſelbſt noch ein ſehr weiter Weg iſt. Zwar wenn, wie im alten Griechenland und Rom, oder zu allen Zeiten in Aſien, ihm kein Damm entgegengeſetzt iſt, kann er, vom Beiſpiel ermutigt, leicht zum Laſter führen, welches dann, infolge hiervon, große Verbreitung erhält. In Europa hingegen ſtehen demſelben ſo überaus mächtige Motive der Religion, der Moral, der Geſetze und der Ehre ent-

[1]) Erſchienen 1844.
[2]) III/IV, 580.
[3]) 54 Jahre. Ungefähr im gleichen Alter ſchrieb Schopenhauer dieſe Stelle nieder.

gegen, daß fast jeder schon vor dem bloßen Gedanken zurückbebt, und wir demgemäß annehmen dürfen, daß unter etwa dreihundert, welche jenen Hang spüren, höchstens einer so schwach und hirnlos sein wird, ihm nachzugeben; um so gewisser, als dieser Hang erst in dem Alter eintritt, wo das Blut abgekühlt und der Geschlechtstrieb überhaupt gesunken ist, und er andererseits an der gereiften Vernunft, an der durch Erfahrung erlangten Umsicht und vielfach geübten Festigkeit so starke Gegner findet, daß nur eine von Haus aus schlechte Natur ihm unterliegen wird. Inzwischen wird der Zweck, den die Natur dabei hat, dadurch erreicht, daß jene Neigung Gleichgültigkeit gegen die Weiber mit sich führt, welche mehr und mehr zunimmt, zur Abneigung wird und endlich bis zum Widerwillen anwächst. Hierin erreicht die Natur ihren eigentlichen Zweck um so sicherer, als, je mehr im Manne die Zeugungskraft abnimmt, desto entschiedener ihre widernatürliche Richtung wird"[1]). Schopenhauer hat unrecht, wenn er sagt, „die Päderastie finde sich durchgängig als ein Laster alter Männer" und sei „dem eigentlich männlichen Alter fremd, ja unbegreiflich". Wo im höheren Alter der Hang zur Homosexualität deutlicher hervorzutreten beginnt, da hat er jedenfalls schon geschlummert. Daß das Fühlbarwerden homosexueller Neigungen im Alter häufig ist, scheint auch Stekel anzunehmen. Sind dann die Hemmungen nicht genügend stark, so kann die Homosexualität manifest werden. Im andern Fall treten die Abwehrreaktionen um so stärker auf, je fühlbarer der homosexuelle Trieb wird. So sagt z. B. Stekel: „Jede Liebe, die im späteren Alter auftritt, kann einen Versuch bedeuten, sich mit allen Kräften in die Heterosexualität zu retten"[2]).

In Schopenhauer war die Neigung zur Homosexualität vorhanden und trat mit zunehmendem Alter für ihn selbst deutlicher hervor. Aber in ihm erwiesen sich „die Motive der Religion, der Moral, der Gesetze und der Ehre" als übermächtig. Er schützte sich demnach gegen jene Neigung durch Ekel und Abscheu, wie seine Äußerungen in der „Metaphysik der Geschlechtsliebe" zeigen. Daß er „schon vor dem bloßen Gedanken zurückbebte", läßt sich aus seinem Verhalten in einigen Situationen seines Lebens ersehen, die hier wiedergegeben seien.

Unterm 29. Juni 1855 schreibt Schopenhauer an Frauen-

[1]) III/IV, p. 584 f.
[2]) O. u. H. p. 195.

staedt von einem Besucher: „Beim Abschied — küßte er mir die Hand! worüber ich vor Schreck laut aufschrie." Möbius berichtet: „K. Bähr erzählt seinem Vater von seinem ersten Besuche bei Schopenhauer: ‚Ich bin nach 12 Uhr mittags in die Hausflur gekommen, habe an eine Türe geklopft und auf das ‚Herein' hin sie geöffnet. Zu meiner Bestürzung sah ich ihn aber... halb angekleidet mitten im Zimmer stehen ... Er trat auf mich zu, sah mich einen Augenblick starr an und fragte hastig, ehe ich mich noch entschuldigen konnte, mit einer abwehrenden Handbewegung: ‚Was wollen Sie von von mir? Ich nehme keinen Besuch an! Was suchen sie hier?' ... Ich war ganz bestürzt, suchte mich zu entschuldigen und zog dabei deinen Brief aus der Tasche. Er wollte diesen sofort an sich nehmen, ich bat ihn aber, mich zu gelegenerer Zeit wiederkommen zu lassen, was ihn immer heftiger machte. Mit den Armen in der Luft herumfuchtelnd, lief er im Zimmer auf und ab. ‚Entsetzlich! Entsetzlich!' rief er dabei aus, was mir altem Manne da passiert ist — ‚ich erwarte um diese Stunde den Briefträger — entsetzlich, so anzuklopfen, ohne sich vorher anmelden zu lassen!' Schopenhauer habe sich erst allmählich beruhigt, habe Bähr auf den anderen Tag bestellt und sei in der Folge jederzeit überaus freundlich gegen ihn gewesen"[1]).

Bähr war ein junger Student; der erste Besucher wird von Schopenhauer als ein „schöner, sehr großer junger Mann" geschildert. Der, objektiv genommen, völlig grundlose Schreck Schopenhauers ist in beiden Fällen nichts anderes, als eine Abwehrreaktion gegen die Versuchungen der Homosexualität. In ganz harmlosen Handlungen, wie dem ehrfurchtsvollen Handkuß des jungen Enthusiasten und dem unvermuteten Eintreten des jungen Studenten Bähr, der sich doch sicherlich mit großer Bescheidenheit näherte, wittert Schopenhauer homosexuelle Aggressionen, wie er sie unbewußt oder halbbewußt herbeisehnt. Beim grundlosesten Verdacht dieser Art setzt sofort mit aller Stärke die Tätigkeit der inneren Hemmung bei ihm ein, die ihn mit Schreck und Entrüstung reagieren läßt und dadurch die vermeintliche Gefahr beseitigt.

In diesen Zusammenhang gehört auch eine bekannte Begebenheit, die Schopenhauer Robert v. Hornstein erzählt hat: „Ich hatte einen Empfehlungsbrief an Byron von Goethe. In Venedig war ich drei Monate während Byrons Aufenthalt (1819).

[1]) Mö. p. 93f.

Immer wollte ich mit Goethes Brief zu ihm, als ich es eines Tages ganz aufgab. Mit meiner Geliebten ging ich auf dem Lido spazieren, als meine Dulcinea in der größten Aufregung aufschrie: ‚Ecco il poeta inglese!' Byron sauste zu Pferde an mir vorüber, und die Donna konnte den ganzen Tag diesen Eindruck nicht los werden. Da beschloß ich, Goethes Brief nicht abzugeben. Ich fürchtete mich vor Hörnern. Was hat mich das schon gereut"[1]). Man denke die glänzende Gelegenheit für den jungen Gelehrten und Kunstenthusiasten, einen von ihm hochgeschätzten Dichter kennenzulernen, und noch dazu mit einem Empfehlungsbrief von Goethe in der Hand. Sollte man nicht meinen, Schopenhauer hätte die erste Gelegenheit benutzen müssen, um sich vorzustellen? Warum „wollte er immer hingehen" und tat es doch nicht? — Weil die Furcht vor der Homosexualiät, die innere Hemmung ihn davon abhielt, die Bekanntschaft des allgemein vergötterten, schönen Mannes zu suchen. Auch die Eifersucht, die sich nur auf einige bewundernde Worte der Geliebten gründet, hat eine homosexuelle Wurzel[2]). Sie besagt: „In diesen Mann muß man sich verlieben; er ist unwiderstehlich".

Und wie hätte denn Schopenhauers Besuch die Gefahr des Hörneraufsetzens herbeiführen sollen? Er brauchte doch die Geliebte nicht mit Byron bekannt zu machen; und wenn sie es schon gewesen wäre, so hätte das Unterlassen des Besuches erst recht keinen Zweck gehabt. Tatsächlich fürchtete Schopenhauer eben nicht die „Hörner", sondern die eigene Sexualität.

Wenn an anderer Stelle ausgesprochen wurde, Schopenhauer ließe sich unter dem Typus des Don Juan begreifen, wie ihn Stekel definiert, so glauben wir das durch die letzten Ausführungen bestätigt. Es sei zum Vergleich angeführt, was Stekel über den „Don Juan" sagt: „Die leichte Reizbarkeit, der Haß gegen die Frauen, die latente Grausamkeit, die ewige Liebesbereitschaft zeigen uns, daß der Don Juan im Grunde genommen immer unbefriedigt ist. Der wichtigste Moment ist für ihn die Eroberung der Frau. In dieser Eroberung zeigt sich etwas von Haß gegen die Frauen, der bei allen Homosexuellen — latenten und manifesten — eine so

---

[1]) Gr. G. p. 59.

[2]) Vgl. hierzu O. u. H. p. 379 ff. über „Homosexualität und Eifersucht."

große Bedeutung hat. Für den richtigen Don Juan ist die Eroberung einer Frau ein Problem, das seine Spielerfreude reizt ... Sein Narzißmus (die krankhafte Selbstliebe) verlangt immer wieder neue Beweise seiner Unwiderstehlichkeit. Dieser Mann aber wird sich nie dazu hinreißen lassen, einen homosexuellen Akt zu begehen ... Er findet die Homosexuellen ekelhaft und unausstehlich, er müsse ausspucken, wenn er so einen Kerl sähe, er möchte alle diese Männer und Frauen einsperren lassen, die Männer ausrotten, wie eine Seuche. Er ist zu dem Problem der Homosexualität mit einem Affekt eingestellt, der uns beweist, daß hinter diesen negativen Formen des Ekels und der neurotischen Abwehr die positiven Triebrichtungen des Verlangens versteckt werden ... Er sucht immer, weil er ja im geheimen nach dem Manne sucht. Sein Sexualziel ist der Mann. Von jedem Weibe hofft er die große Lust, die ihn einmal befriedigt. Von jeder muß er sich enttäuscht abwenden, da er ja nicht befriedigt werden kann" [1]. Auch das Folgende trifft für Schopenhauer, den Menschen mit dem ewig unbefriedigten, quälenden Sexualtrieb zu: „Auf der Flucht vor der Homosexualität stürzt sich das Individuum in eine gesteigerte Heterosexualität (mit Kompromißbildungen und heterosexuellen Masken), die aber selten die Ruhepunkte der Befriedigung gewährt. Der Wollüstling ist immer der Mensch, der seine Wollust nicht gefunden hat. Wer sie gefunden hat, der hat auch immer wieder die Wellentäler der Libido, die Ruhepausen des Sattseins. Wer sie nur scheinbar gefunden hat, wird bald wieder von dem nicht gesättigten Triebe gejagt werden, sie immer wieder zu suchen. So wenig, wie eine Zwangshandlung den Neurotiker dauernd beruhigen kann, weil sie nur eine Symbolhandlung und ein Ersatz einer anderen Handlung ist, so wenig kann die in die Heterosexualität getragene unerledigte Homosexualität durch einen heterosexuellen Exzeß zur Ruhe kommen" [2].

Daß Schopenhauer, wie Blüher angibt, häufig im Bordell seinen Geschlechtstrieb zu befriedigen suchte, entspricht durchaus seiner gekennzeichneten sexuellen Einstellung. Zunächst ist der Akt mit einer Prostituierten ein glattes Geschäft, das über die Entlohnung hinaus zu nichts verpflichtet und keine Bindung irgendwelcher Art herbeiführt. Hier bedarf es nicht

---

[1]) St. O. u. H. p. 191.
[2]) O. u. H. p. 186 f.

erst der Entwertung. Die Prostituierte ist eigentlich gar kein Weib, sondern eine bloße „erogene Zone“, eine Sache, ein Handelsobjekt. Dazu kommt, daß der Geschlechtsakt mit Dirnen häufig, und in Schopenhauers Fall sicher, eine „Maske der Homosexualität“ ist, worauf Stekel wiederholt hinweist.[1]) Der Umstand, daß die Dirne von vielen Männern gebraucht wird, macht für den latent Homosexuellen ihren Reiz aus. Eine solche Maske der Homosexualität ist auch die von Schopenhauer propagierte „Tetragamie“. Wir geben Schopenhauers Ausführungen nach Bloch, der sie zuerst veröffentlicht hat, wieder. Es handelt sich um einen Auszug aus einem verschollenen Auffatz. Der Auszug steht in dem 1823 abgefaßten Manuskriptbuch „Die Brieftasche“, das auf der Staatlichen Bibliothek zu Berlin liegt.

Skizze der Schopenhauerschen Tetragamie.

„Indem die Natur die Zahl der Weiber der der Männer nur knapp gleichmachte, und dennoch den Weibern eine nur halb so lange Zeit hindurch die Fähigkeit zur Zeugung und Tauglichkeit für den Genuß des Mannes verlieh, hat sie das menschliche Geschlechtsverhältnis schon in der Anlage derangiert. Durch die gleiche Zahl scheint sie auf Monogamie zu deuten: hingegen hat ein Mann an einem Weibe nur für die halbe Zeit seiner Zeugungsfähigkeit Befriedigung; er müßte also eine zweite nehmen, wenn die erste verblüht ist; aber es ist für jeden nur eine gerechnet worden. Was dem Weibe an Dauer der Geschlechtstauglichkeit abgeht, hat es wieder an Maß derselben voraus: es ist fähig, zwei bis drei tüchtige Männer zu gleicher Zeit zu befriedigen, ohne zu leiden. In der Monogamie benutzt es nur die Hälfte seiner Fähigkeit und befriedigt nur die Hälfte seiner Wünsche. Sollte nun dies Verhältnis nach bloßer, physischer Rücksicht (und es gibt ein physisches, höchst dringendes — Zweck der Ehe bei Juden und Christen — Bedürfnis) geordnet und bestmöglichst ausgeglichen werden, so müssen zwei Männer stets ein Weib zusammen haben, die sie beide jung nehmen; nachdem diese verblüht ist, nehmen sie eine zweite ebenso jung dazu, welche dann ausreicht, bis beide Männer alt sind. Beide Weiber sind versorgt und jeder Mann hat nur die Sorge für eine. In der Monogamie hat der Mann auf ein-

[1]) Vgl. z. B. O. u. H. p. 172.

mal zu viel und auf die Dauer zu wenig, und das Weib umgekehrt. Bei der vorgeschlagenen Einrichtung hat der Mann in der Jugend, wo sein Besitz am geringsten zu sein pflegt, nur für ein halbes Weib, wenige und kleine Kinder zu sorgen; später, wo er reicher ist, für ein oder zwei Weiber und viele Kinder. Weil die Einrichtung nicht besteht, sind die Männer die Hälfte ihres Lebens Hurer und die andere Hälfte Hahnreie; und die Weiber zerfallen demgemäß in Betrogene und Betrügerinnen. Wer jung heiratet, schleppt sich nachher mit einer alten Frau; wer spät heiratet, bekommt erst venerische Krankheiten, dann Hörner. Das Weib muß entweder die Blüte ihrer Jugend einem schon verblühten Manne opfern oder nachher empfinden, daß sie einem noch rüstigen Manne kein tauglicher Gegenstand mehr ist. — Allen diesen Leiden hilft die vorgeschlagene Einsicht ab; das Menschengeschlecht würde seines Lebens froher. Was dagegen zu sagen ist: 1. daß man seine Kinder nicht kennen würde. — Antw.: das wäre durch die Ähnlichkeit und andere Umstände meistens doch noch zu entscheiden: auch jetzt ist's nicht immer gewiß. 2. ein solches Verhältnis von dreien gibt zu Streit und Eifersucht Anlaß. — Antw.: die finden sich überall; man muß sich schicken lernen. 3. Wie ist es mit dem Vermögen? — Antw.: das wird ganz anders eingerichtet: unmittelbare Communio bonorum findet nicht statt. Wie gesagt, die Natur hat das Verhältnis schlecht angelegt; man wird es daher nie ohne üble Umstände einrichten. So wie es jetzt ist, streiten Pflichten und Natur unablässig. Dem Manne ist es unmöglich, den Geschlechtstrieb von seinem Entstehen bis zu seinem Ende auf eine legale Art zu befriedigen. Es sei denn, daß er jung Witwer würde. Dem Weibe ist die Beschränktheit auf e i n e n Mann, die kürzere Zeit ihrer Blüte und Tauglichkeit hindurch, ein unnatürlicher Zustand. Sie soll für einen bewahren, was er nicht brauchen kann und was viele andere von ihr begehren, und sie soll selbst bei diesem Versagen entbehren. Man ermesse es! Besonders, da noch hinzukommt, daß zu jeder Zeit die Zahl der zum Beischlaf tüchtigen Männer die doppelte ist der dazu tauglichen Weiber, weshalb jedes Weib beständige Anfechtungen findet, sie schon von selbst diese entgegensieht, sobald ein Mann ihr nahekommt" [1]).

---

[1]) Bl. p. 257 f.

Bloch kritisiert an diesen ebenso absurden, wie geistreichen Ausführungen mit Recht, daß Schopenhauer „das Weib einfach als Sache behandelt, ihr jede Individualität und Seele abspricht". Das entspricht eben ganz Schopenhauers Stellung zum Weibe. Das Weib kann für ihn nur Sklavin oder Herrscherin sein. Da er das herrschende Weib fürchtet, muß er alle Weiber zu Sklavinnen degradieren. „Das Weib als Ganzes", sagt Blüher treffend, „ist für ihn nichts weiter als eine große erogene Zone, von der man sich nach der Befriedigung mit Ekel abwendet [1]). Wenn Bloch Schopenhauer als „typisch heterosexuelles Individuum" bezeichnet [2]), so ist er im Irrtum. Zeigt doch gerade die Propagierung der Tetragamie deutlich die homosexuelle Komponente. Der gemeinsame Besitz eines Weibes durch zwei Männer ist die Maske für eine homosexuelle Beziehung zwischen diesen, ähnlich wie bei der Dirnenliebe.

Die latente Homosexualität Schopenhauers ist schon von Blüher erkannt worden, der über diesen Punkt sagt: „Ungezählt aber sind jene Vertreter des Typus inversus neuroticus, in denen es (scil. das Bild des Jünglings) hartnäckig in der Verdrängung festgehalten wird, und die daher für alles, was Glück heißt, verschlossene Türen haben. Schopenhauer, der Mann mit der infantilen Onanie und dauernden Angstneurose, der Bordellbesucher ohne Frauenliebe, der Verfolger der Päderastie, ist nicht soweit gekommen (scil. zur homosexuellen Liebe), obwohl das heimlich geliebte Bild des jugendlichen Epheben in seinen verstecktesten Bekenntnissen ganz unzweideutig hervortritt — aber es glich den Schatten, die Odysseus in der Unterwelt sah und die nur Leben bekommen, wenn man ihnen Blut zu trinken gibt. Zu dieser „Bejahung des Willens zum Leben" (sage zur Sexualität) war aber Schopenhauer nicht geschaffen [3]).

Schopenhauers zum Teil zur Angsthysterie gesteigerte Angstneurose geht mit Sicherheit aus der Schilderung gewisser Züge und Eigenarten hervor, die Gwinner gegeben hat. Er sagt: „Vom Vater angeerbt war ihm jene von ihm selbst verwünschte und zeitlebens mit dem ganzen Aufwand seiner Willenskraft bekämpfte, an Manie grenzende Angst, die ihn zuweilen bei den geringfügigsten Anläßen und mit solcher Gewalt überfiel, daß er bloß mögliches, ja kaum denkbares Unglück leibhaftig

---

[1]) R. d. E. I, p. 139.
[2]) Bl. p. 507.
[3]) R. d. E. p. 117.

vor sich sah. Eine fruchtbare Phantasie steigerte diese Anlage manchmal ins Unglaubliche. Schon als sechsjähriges Kind fanden ihn die vom Spaziergange heimkehrenden Eltern eines Abends in der vollsten Verzweiflung, weil er sich plötzlich von ihnen für immer verlassen wähnte. Als Jüngling quälten ihn eingebildete Krankheiten und Streithändel. Während er in Berlin studierte, hielt er sich eine Zeitlang für auszehrend. Beim Ausbruch des Krieges bildete er sich ein, zum Kriegsdienste gepreßt zu werden. Aus Neapel vertrieb ihn die Angst vor den Blattern, aus Berlin die Cholera. In Verona ergriff ihn die fixe Idee, vergifteten Schnupftabak genommen zu haben. Als er 1833 im Begriffe war, Mannheim zu verlassen, überkam ihn ohne alle äußere Veranlassung ein unsägliches Angstgefühl. Jahrelang verfolgte ihn die Furcht vor einem Kriminalprozesse, vor dem Verluste seines Vermögens und vor der Anfechtung der Erbteilung seiner eigenen Mutter gegenüber. Entstand in der Nacht Lärm, so fuhr er vom Bette auf und griff nach Degen und Pistolen, die er beständig geladen hatte. Auch ohne besondere Veranlassung trug er eine fortwährende Sorglichkeit in sich, die ihn Gefahren sehen und suchen ließ, wo keine waren . . . Wie sich selbst, so quälte er die, welche mit ihm umgingen, durch seinen Argwohn . . . Seine Wertsachen hielt er dergestalt versteckt, daß trotz der lateinischen Anweisung, die sein Testament dazu gab, einzelnes nur mit Mühe aufzufinden war . . . Nie vertraute er sich dem Schermesser eines Barbiers an; auch führte er stets ein ledernes Schiffchen bei sich, um beim Wassertrinken in öffentlichen Lokalen keiner Ansteckung ausgesetzt zu sein. Die Spitzen und Köpfe seiner Tabakspfeifen nahm er nach jedesmaligem Gebrauche unter Verschluß. Aus Furcht vor dem Scheintode verordnete er, daß seine Leiche über die gewöhnliche Zeit hinaus offen beigesetzt werden solle" [1]).

Gwinner erklärt die bezeichneten pathologischen Zustände Schopenhauers aus der Vererbung durch den Vater. Dieser Ansicht kann man sich insoweit anschließen, als eine gewisse Disposition zur Neurose durch Vererbung anzunehmen ist. Trotzdem wird kein Neurotiker geboren, sondern bestimmte Anläſſe rufen die Neurose hervor und bestimmen ihre Richtung. Bei Schopenhauer finden sich einerseits scheinbar grundlose Angstzustände und Depressionen, anderseits auf bestimmte „Gefah-

---

[1]) Gw. p. 400f.

ren“ gerichtete Phobien. Es ist jedoch bekannt, daß bei den ersteren der Grund nur verborgen bleibt, weil er in der Verdrängung gehalten wird, bei den letzteren aber die Objekte der Furcht nur vorgeschoben, nur Symbole sind, während die wahren Objekte und die wahren Gründe auch hier nicht zutage treten.

Wir waren zu dem Resultate gelangt, daß der „Frauenhaß“ Schopenhauers nichts als die aus der Angst geborene Entwertung des Weibes war, einer Angst, die wiederum dem Schuldgefühl gegenüber dem Vater entstammte. Die „endopsychische Wahrnehmung des Hasses durch die Brille des Schuldbewußtseins“ [1]), der Kindschaftskonflikt, der beim Tode des Vaters akut wurde, bedeutete den Ausbruch einer Angstneurose. Die Angst vor dem Weibe machte Schopenhauer unfähig zur heterosexuellen Liebe, wodurch die homosexuelle Komponente in ihm eine Stärkung erfuhr. Aber die homosexuelle Neigung fiel infolge ethischer Hemmungen gleichfalls der Verdrängung anheim, was einen neuen psychischen Krankheitsherd entfachte. In der Angst aus Schuldgefühl gegenüber dem Vater einerseits, in der Verdrängung der Homosexualität anderseits haben wir wohl die Hauptwurzeln von Schopenhauers Seelenkrankheit zu erblicken. Die neurotische Todesfurcht wäre dann zu erklären als Furcht vor der „Talion“ für gegen den Vater gehegte Todeswünsche, die Angst vor Dieben und Einbrechern, wie auch vor Ansteckung, als Angst vor homosexuellen Agressionen und vor der Infektion mit dem Gifte der Homosexualität. Stekel berichtet von einem mit Tuberkuloseangst befallenen alten Herrn und weist nach, daß diese Angst nur eine Abwehrreaktion gegen die Versuchungen der Homosexualität war. Er fährt dann fort: „Ähnliche Formen sind auch die Angst vor der Syphilis, die Angst vor Blutvergiftung, die Angst vor Berührung. (Vgl. den Handkuß des jungen Besuchers bei Schopenhauer! D. Vf.) Hinter diesem Schreckbilde Syphilis steckt ein anderes Verbot. Ich glaubte früher, daß es sich bei der Syphilidophobie nur um den Inzest handelt. Jetzt weiß ich, daß es sich um die Angst vor der ‚verbotenen Liebe‘ handelt. Die Syphilis wird ein Symbol des Inzestes oder der Homosexualität. Infiziert werden heißt: mit homosexuellen oder inzestuösen Tendenzen durchseucht werden. Die Bilder sind der Sprache des Alltags entnommen. Man spricht immer,

---

[1]) St., „Spr. d. Tr.“, p. 563.

daß ganz Berlin mit Homosexualität infiziert sei; die Gegner der Homosexuellen wettern gegen die Seuche, welche das deutsche Volk verpeste; man bewahrt einen Jungen vor der Ansteckung der Homosexualität. Ist es also verwunderlich, wenn die krankhaften Ausdrucksformen der Neurose dann die gleichen Bilder annehmen? Die Entstehung solcher Angstzustände in höherem Alter ist immer verdächtig auf einen Durchbruch der Homosexualität, gegen die dann neue Sicherungen errichtet werden müssen"[1]).

Man könnte zunächst glauben, Schopenhauers Furcht vor Ansteckung könne ihre Wurzel darin haben, daß er eine schwere Lues zu überstehen gehabt hatte, was J. Bloch unwiderleglich nachgewiesen hat. Bloch fand in dem Schopenhauerschen Manuskriptbuch „Die Brieftasche" auf der Berliner Bibliothek die ausführliche Beschreibung einer inneren und äußeren Quecksilberkur, der sich Schopenhauer im Jahre 1823 unterziehen mußte. Bloch vertritt, gestützt auf die Art der Kur und auf eine Äußerung Schopenhauers aus dem Jahre 1813, die Ansicht, daß die Lues schon in diesem Jahre aquiriert worden sei. Der Meinung Blochs, daß die syphilitische Erkrankung für Schopenhauers misogyne und pessimistische Richtung von bestimmendem und entscheidendem Einfluß gewesen sei, können wir nicht beipflichten. Jene Krankheit kann für Schopenhauers Weiberhaß und Pessimismus höchstens von akzidentieller Bedeutung gewesen sein. Die Richtung zum Pessimismus hatte Schopenhauer lange vor 1813, fast noch als Knabe, eingeschlagen, wie die Briefe seiner Mutter und seine eigene Äußerung über die erste Konzeption seiner Weltanschauung beweisen. Hätte anderseits Schopenhauer die Weiber in erster Linie gewissermaßen als Brutstätten der Syphilis gehaßt oder verabscheut, so hätte er doch vor allen Dingen den Geschlechtsverkehr mit ihnen meiden müssen. In Wirklichkeit hat Schopenhauer den körperlichen Kontakt mit dem Weibe, der doch allein die Ansteckungsgefahr in sich bergen konnte, durchaus nicht gescheut, ja nicht einmal den Akt mit Prostituierten. Die Entwertung schützte ihn nicht vor der heterosexuellen B e t ä t i g u n g, sondern nur vor der B e f r i e d i g u n g, vor der Liebe, der er nicht erliegen wollte.

Die gleichen Gründe, die verbieten, den Weiberhaß Schopenhauers aus seiner syphilitischen Erkrankung herzuleiten, sprechen

---

1) St., „O. u. H.", p. 187 ff.

auch dagegen, daß das wahre Objekt seiner krankhaften Ansteckungsfurcht die Syphilis gewesen sei. —

Es ist noch auf die „infantile Onanie“ einzugehen, in der Schopenhauer nach Blüher befangen gewesen sein soll. Blüher unterscheidet die „infantile“ und „autoerotische“ Onanie, bei der nur der körperliche Reiz in Frage kommt, von der „allerotischen“, „Notonanie“, die eine allerotische Phantasie zu Hilfe nimmt. Seine Meinung, Schopenhauer betreffend, sucht er folgendermaßen zu stützen:

„Es verlohnt sich hier die Worte eines der tiefsten Denker über die Onanie hinzuzusetzen, weil sie von großer Schönheit sind. Schopenhauer sagt (Neue Paralipomena, § 356): ‚Daß Onanie ein weit größerer Vorwurf ist als die Geschlechtsbefriedigung, liegt in folgendem. Die Geschlechtsbefriedigung ist die stärkste Bejahung des Lebens: sie hat ein Motiv in der Anschauung des Lebens in seiner vollkommensten Offenbarung, der menschlichen Gestalt. Der Wille wird durch ein äußeres Motiv erregt. Die Onanie ist aber bloß die stärkste Bejahung des Leibes und hat kein Motiv außer ihm: der Wille geht hier gar nicht durch die Erkenntnis durch, sondern mit Abwendung von aller Erkenntnis wird der bloße Leib durch seinen Reiz Motiv für den Willen. Nicht das Leben in seiner erkannten Idee wird hier bejaht, wie beim Geschlechtsgenuß; sondern der bloße Leib, ohne Hinzutritt der Erkenntnis: der Mensch handelt hier als bloße Pflanze.‘ Das ist natürlich ein Selbstbekenntnis. Schopenhauer kennt also nur die autoerotische Form der Onanie. Und sein verbissenes Gesicht zeugt uns davon. Wie anders hätte es sich geformt, wenn er nicht in diesem Banne gelebt hätte“ [1]).

Wohl möglich, daß wir hier ein Selbstbekenntnis Schopenhauers vor uns haben. Doch berechtigt seine Definition nicht dazu, auf „infantile, autoerotische“ Onanie zu schließen. Das Fehlen einer bewußten, allerotischen Onanierphantasie läßt jedenfalls jenen Schluß noch nicht zu. Die Onanie bringt in zahlreichen Fällen die Erfüllung eines auf andere Weise nicht erfüllbaren oder verbotenen sexuellen Begehrens. Soll sie einen verbotenen, kriminellen Wunsch erfüllen, so muß sie von der Phantasie der ersehnten verbotenen Szene begleitet sein. Was liegt näher, als daß eine solche Phantasie der Verdrängung anheimfallen muß, dergestalt, daß der Masturbant

---

[1]) Bl., „R. d. E.“, I, p. 113f.

sich jener verpönten Vorstellung kaum bewußt wird und sie gleich darauf völlig vergißt? — Sicherlich ist bei Schopenhauer — wenn überhaupt — eine „allerotische“ Onanie mit homosexuellen Phantasien anzunehmen, keine „autoerotische“, wozu allerdings zu bemerken ist, daß das autoerotische Moment in keiner Art und Form der Onanie gänzlich fehlt. Wenn Schopenhauer von der „Abwendung von aller Erkenntnis“ spricht, so deutet das offenbar darauf hin, daß hier gewisse Vorstellungen dem Bewußtsein entfremdet werden.

Daß überhaupt die Onanie im Sexualleben Schopenhauers eine Rolle gespielt habe, dafür würden uns weder die von Blüher angeführte Stelle, noch die übrigen Äußerungen Schopenhauers über diese Art der Geschlechtsbefriedigung als alleinige Beweise gelten können. Halten wir uns aber dazu vor Augen, daß für Schopenhauer der Weg zur allerotischen Befriedigung abgeschnitten war, so muß es zum mindesten als wahrscheinlich gelten. Schopenhauer befand sich in dem von Stekel charakterisierten Falle: „Die Masturbation ist vielen Menschen die einzige mögliche Form der Sexualbefriedigung, die sie sozial nicht ächtet. Für Menschen, welche eine stark betonte Homosexualität haben, bleibt oft kein anderer Weg frei, besonders, wenn der Weg zum Weibe infolge bestimmter ... neurotischer Einstellungen verrammelt ist“ [1]). — Das autoerotische Moment in Gestalt einer übertriebenen Ichliebe fehlt bei keinem Neurotiker. Der Neurotiker, der, unfähig zur liebenden Hingabe an einen anderen Menschen, einsam in dem selbstgezogenen Zauberkreise verharren muß, kann nur sich selber wahrhaft lieben. In diesem Sinne sagt Stekel: „In noch höherem Maße als bei jedem Menschen ist beim ausgesprochenen Neurotiker die Liebe nur Ichliebe. Er ist folglich auch bereit, die „Liebe“ zu opfern, wenn die Ichliebe dadurch eine Beeinträchtigung erfahren könnte“ [2]). Was war bei Schopenhauer die Verdrängung der Liebe zur Mutter und zum Weibe überhaupt anderes als ein der Ichliebe gebrachtes Opfer? Sonst tritt das autoerotische Moment bei Schopenhauer als „Narzissismus“, als krankhafte geistige und körperliche Eitelkeit deutlich hervor. Gewiß durfte sich der große Denker seines Wertes bewußt sein; aber es finden sich zahlreiche Äußerungen, die wir nicht anders, denn als überheblich bezeichnen

---

[1]) St., „O. u. H.“, p. 146.

[2]) St., „O. u. H.“, p. 478 f.

können. Daß Schopenhauer nach jahrelanger Nichtbeachtung sich über jede Anerkennung freute, ist menschlich verständlich. Doch auch hier fällt die Übertriebenheit auf. Mit einer Art Gier späht er nach günstigen Kritiken aus, sammelt er jedes Blatt, das ein Lob über ihn enthält, er, der das Urteil der Menschen zu verachten vorgab. Und zu dieser geistigen Eitelkeit fehlt auch die körperliche Komponente nicht. Es ist auffallend, wie oft sich Schopenhauer, besonders in den letzten zwei Jahrzehnten seines Lebens, porträtieren läßt, plastisch, in Öl, Daguerreotyp und Photographie. Dabei hat er eine geradezu weiblich anmutende Sorge, daß er auf den Bildern nicht zu alt aussieht. Am 6. Dezember 1852 schreibt er an Frauenstaedt: „Die Photographen stellen mich viel zu alt dar: am selben Tage wurde ein Daguerreotyp gemacht, auf dem ich 20 Jahre jünger aussehe. Derselbe gibt meine Stirn und Nase in höchster, vielleicht nie wieder erreichbarer Vollkommenheit wieder: ist unschätzbar" [1]). — Am 23. Dezember schreibt er: „Mein Aussehen hat sich nicht sehr verändert seit 1847" [2]). Auf seine Ähnlichkeit mit Talleyrand bildet er sich etwas ein [3]).

Die gelungenen Bilder von sich hängt er in seinem Zimmer auf, wie aus folgender Briefstelle hervorgeht. Er hatte die Nachlaßverwalterin der Adele Schopenhauer, Frau Mertens-Schaafhausen, gebeten, im Nachlaß seiner Schwester nach einem Jugendporträt von sich zu suchen und schreibt dann: „Ich danke für Ihre gütige Bemühung wegen des Bildchens und bedaure, daß solche fruchtlos gewesen. Gar gerne hätte ich den blondgelockten Jüngling neben die 6 Daguerreotypen gehängt, die mich mit meinen weißen Haaren darstellen [4])."

Höchst bezeichnend ist, was Schopenhauer zu C. G. Beck auf die Frage nach einem Jugendporträt äußerte. Beck erzählt: „Ich besitze ein solches", erwiderte er mir, fast geheimnisvoll, „aber ich zeige es ungern, habe es überhaupt nur wenigen gezeigt." — Dann will ich nicht unbescheiden sein und es zu sehen verlangen. — „Ihnen zeige ich es," sagte er darauf und brachte mir ein kleineres, aber sehr schön gemaltes Porträt. Ich merkte, als ich dasselbe betrachtete, wie er mich mit seinen großen Augen forschend ansah, als ob er den Eindruck erkunden wollte, den es auf mich machte. „Sie sind

---

1) Gr. Br. 207.
2) Gr. Br. 317.
3) Vgl. Gr. Br. 183.
4) Gr., Neue Beitr., p. 41.

frappiert, sind frappiert," sagte er dann hastig, „ich weiß auch den Grund: die roten Haare stören Sie". Allerdings, da ich Sie nur mit weißen Haaren gekannt. „Ich habe nie rote Haare gehabt, nie", sprach er dann fast etwas heftig. „Ich hatte ein eigentümlich blondes Haar, welches der Maler nur durch ein rotes Untermalen herstellen konnte. Nun hatte ich das Bild während meines Aufenthaltes in Dresden am Fenster hängen, durch welches die warmen Sonnenstrahlen fortwährend auf das Bild wirkten und zuletzt die obere Lasur gänzlich wegleckten, so daß zuletzt nur das Rot übrig blieb. Das Bild wird auf die Nachwelt kommen; um nun dem Irrtum vorzubeugen, als hätte ich rote Haare gehabt, schrieb ich auf die Hinterseite des Bildes, wie Sie selbst sehen, in lateinischer, deutscher, französischer, englischer und italienischer Sprache: ‚Ich habe nie rote Haare gehabt'" [1]).

Wir kommen zum Schluß. Überblicken wir Schopenhauers Liebesleben, so bemerken wir, daß er gleichsam zwischen zwei Stühlen sitzt. Das Weib hatte er zum seelenlosen Wesen, zur bloßen Sache entwertet, die gleichgeschlechtliche Liebe aber verboten ihm die ethischen Hemmungen in seinem Innern. Somit war ihm der Weg zum Glück der Liebe überhaupt verbaut. Die ganze Tragik seines Sexuallebens spricht aus ein paar Worten, die er als Greis einmal zu Robert v. Hornstein gesagt hat. Dieser berichtet: „Obwohl Schopenhauer schlecht auf die Ehe zu sprechen war, äußerte er doch einmal: ‚Das ist's ja gerade, man mag es anfangen wie man will, so ist es auch nichts'" [2]).

Fragen wir zuletzt, ob die Neurose Arthur Schopenhauers auf seinen pessimistischen Voluntarismus von bestimmendem Einfluß gewesen sei, so ist diese Frage sicherlich zu bejahen. Blüher schreibt über den Zusammenhang von Neurose und Weltanschauung bei Schopenhauer sehr treffend: „Nach Schopenhauer ist die körperliche Außenwelt nur Spiegelung des ‚Willens' im Intellekt und daher nichts als Schein. Und was er letzten Endes unter Willen verstanden hat, lehren folgende Worte: ‚Wenn man sich frägt, wo denn die intimste Kenntnis des Wesens der Welt, jenes Dinges an sich, das ich den Willen zum Leben genannt habe, zu erlangen sei, oder wo es die reinste Offenbarung seiner selbst erlangt? — so muß ich hin-

[1]) Gr. G. p. 78.
[2]) Gr. G. p. 61.

weisen auf die Wollust im Akt der Kopulation. Das ist es!" (Neue Paralip. § 40 I.) Es bleibt kein Zweifel übrig: ‚Welt' ist Deckvorstellung für ‚Sexualität'. Das Schlechtsein der Welt ist das Schlechtsein der Sexualität und der Weltschmerz demnach eine der großartigsten Formen von Zwangsneurose" [1]).

Mit Recht weist Volkelt auf die eudämonistische Wurzel des Schopenhauerschen Pessimismus hin. Dieser Pessimismus ist die enttäuschte Abkehr dessen, der in der Welt das Glück nicht findet. Seine Weltanschauung wurzelt nicht, wie er selbst glaubte, im „Intellekt", sondern im „Willen". Wie wenig sich Schopenhauer darüber klar war, zeigt seine Äußerung: „Alle Pfuscher sind es im letzten Grunde dadurch, daß ihr Intellekt, dem Willen noch zu fest verbunden, nur unter dessen Anspornung in Tätigkeit gerät und daher eben ganz in dessen Dienste bleibt" [2]).

Die Rolle, die die „Schuld" in Schopenhauers Weltanschauung spielt, weist auf das „Schuldgefühl" zurück, das wir als die Hauptwurzel von Schopenhauers Angstneurose erkannt hatten. Allein die Geschichte des Sündenfalles ist es, die den Philosophen mit dem Alten Testament aussöhnt: „Denn nichts anderem sieht unser Dasein so völlig ähnlich, wie der Folge eines Fehltritts und eines strafbaren Gelüstens . . . Will man den Grad von Schuld, mit dem unser Dasein selbst behaftet ist, ermessen: so blicke man auf das Leiden, welches mit demselben verknüpft ist. Jeder große Schmerz, sei er leiblich oder geistig, sagt aus, was wir verdienen: denn er könnte nicht an uns kommen, wenn wir ihn nicht verdienten" [3]).

---

[1]) Bl., „R. d. E." I, p. 95f.
[2]) III/IV 398.
[3]) VII/VIII 277.

Literatur.

1. Schopenhauers sämtliche Werke. Ed. Frischeisen-Köhler; 8 Bände. Berlin, Weichert (zit.: I—VIII).
2. Schopenhauer, Briefe an Becker, Frauenstaedt u. a. Reclam. Ed. Grisebach (zit.: Gr. Br.).
3. Schemann, „Schopenhauerbriefe". Leipzig 1893, Brockhaus (zit.: Sch.).
4. Gwinner, „Schopenhauer". Leipzig 1910 (zit: Gw.).
5. Möbius, „Schopenhauer". Leipzig 1904 (zit.: Mö.).
6. Volkelt, „Arthur Schopenhauer". Frommanns Klassiker d. Philosophie X, Stuttgart 1900.
7. Kuno Fischer, „Schopenhauers Leben, Werke und Lehre". 2. Aufl. Heidelberg 1898.
8. Grisebach, „Schopenhauer, Geschichte seines Lebens". Berlin 1897, Hofmann (zit.: Gr.).
9. — „Neue Beiträge zur Biographie Schopenhauers". Berlin 1905 (zit.: Gr. N. B.).
10. — „Schopenhauers Gespräche und Selbstgespräche". 2. Aufl. Berlin 1902 (zit.: Gr. G.).
11. Düntzer, „Arthur Schopenhauer und seine Mutter". Ztschr. „Im neuen Reich". 1871, 14.
12. Johanna Schopenhauer, Sämtliche Schriften. 24 Bände. Leipzig 1830 f., Brockhaus (zit.: S. S.).
13. Johanna Schopenhauers Nachlaß „Jugendleben und Wanderbilder", hrsg. von ihrer Tochter. 2 Bände. Braunschweig 1839, Westermann (zit: J. u. W.).
14. „Aus Ottilie v. Goethes Nachlaß." Schriften d. Goethe-Ges. 27/28. Weimar 1912/13 (zit.: S. d. G.].
15. „Tagebücher der Adele Schopenhauer." Hsg. von Kurt Wolff. 2 Bände. Leipzig 1909, Inselverlag (zit.: Tgb.).
16. „Briefe der Adele Schopenhauer an Ottilie v. Pogwisch, später v. Goethe." Handschriften im Goethe-Schiller-Archiv zu Weimar (zit.: Hs. an Ottilie).
17. Stekel, „Störungen des Trieb- und Affektlebens", insbesondere Teil II „Onanie und Homosexualität". Berlin-Wien 1921, Urban & Schwarzenberg (zit.: O. u. H.).
18. — „Die Sprache des Traumes". 1911 (zit.: Spr. d. Tr.).
19. Spranger, „Psychologie des Jugendalters". Leipzig 1924 (zit.: Ps. d. J.).
20. Bloch, „Das Sexualleben unserer Zeit". 10.—12. Aufl. Berlin 1919, Marcus (zit.: Bl.).
21. Blüher, „Die Rolle der Erotik in der männlichen Gesellschaft". 2 Bände. Jena 1919 (R. d. E.).

Otto Wigand'sche Buchdruckerei G. m. b. H., Leipzig.

FSC
www.fsc.org
MIX
Papier | Fördert gute Waldnutzung
FSC® C083411

Kolibri 360 GmbH
Ferdinand-Jühlke-Straße 7
99095 Erfurt, Deutschland
produktsicherheit@kolibri360.de